黄河水利委员会治黄著作出版资金资助出版图书

水资源规划决策理论与实践

王海政　编著

黄河水利出版社

·郑州·

内 容 提 要

本书针对由跨流域调水工程与供水区域各种水资源耦合构成的复杂水资源规划决策问题，着重研究了其所具有的大系统、单目标决策、多目标决策、风险决策、群决策等特点，提出了一套较为系统的水资源规划决策理论与模型，包括水资源规划单目标决策理论与模型、水资源规划多目标决策理论与模型、水资源规划多目标风险决策理论与模型、水资源规划多目标风险型群决策理论与模型等。

本书适合于从事水资源规划、管理、研究人员阅读，也可供水利水电类和经济管理类专业及相关专业本科生、研究生参考。

图书在版编目(CIP)数据

水资源规划决策理论与实践/王海政编著.—郑州：黄河
水利出版社，2010.12
　ISBN 978-7-80734-967-9

　Ⅰ.①水…　Ⅱ.①王…　Ⅲ.①水资源管理　Ⅳ.①TV213.4

　中国版本图书馆 CIP 数据核字(2010)第 256358 号

出 版 社:黄河水利出版社
　　　　地址:河南省郑州市顺河路黄委会综合楼14层　　　邮政编码:450003
发行单位:黄河水利出版社
　　　　发行部电话:0371－66026940、66020550、66028024、66022620(传真)
　　　　E-mail: hhslcbs@126.com
承印单位:河南地质彩色印刷厂
开本:787 mm×1092 mm　1/16
印张:10
字数:210 千字　　　　　　　　　　　　　印数:1—2 000
版次:2010 年 12 月第 1 版　　　　　　　印次:2010 年 12 月第 1 次印刷

定价:30.00 元

序

　　水资源是事关国计民生的基础性自然资源和战略性经济资源，是生态环境的重要控制性要素，也是国家综合国力的有机组成部分，我国水资源禀赋条件并不优越，可供经济社会活动的水资源有限。我国水资源特点可概括为总量大人均小、时间分配不均、空间分配不匀。具体表现是：第一，水资源总量多，但人均占有量少。我国水资源总量约为 2.8 万亿 m³，居世界前几位，但人均量只有 2 100 m³ 左右，仅为世界平均值的 1/4，人均水资源量已被列入贫水国家之一。有限的水资源要求加强节约用水。第二，河川径流年际、年内变化大。我国河川径流量年际变化大，降雨年内分配集中在汛期。在年径流量时序变化方面，北方主要河流都曾出现过连续丰水年和连续枯水年现象，这种连续丰、枯水年现象，是造成水旱灾害频繁、农业生产不稳和水资源供需矛盾尖锐的重要原因。河川径流年际、年内变化大要求建设调节水库对来水过程进行时间分配。第三，水资源地区分布与其他重要资源布局不相匹配。我国水资源地区空间分布不均匀，南多北少、东多西少且相差悬殊，水资源空间分布与人口、耕地、矿产和经济的分布不相匹配。水资源与其他重要资源空间分配不匀和人类社会对水资源空间需求不均衡性的客观存在往往要求采用跨流域（区际）调水进行空间配置。

　　进入 21 世纪，随着工业化、城镇化和农业现代化进程的深入推进，经济社会发展对水资源需求日益增长，加之全球气候变化影响，水资源已成为我国经济社会可持续发展主要制约因素。面对我国经济社会快速发展与资源环境矛盾日益突出的严峻形势，为适应新时期经济社会发展和生态环境保护对水资源可持续利用要求，需加强水资源规划，对水资源进行高效、合理配置。水资源规划是在分析研究水资源时空分布特征、流（区）域条件、国民经济与社会发展对水资源需求基础上，从人口、资源、环境与经济社会协调发展的战略高度出发，采取综合性措施，处理好经济社会发展、水资源开发利用和生态环境保护的关系，对（跨）流（区）域水资源进行统筹安排，制定最佳开发利用方案并提出相应工程与非工程措施。

　　水量不足、水质超标、工程调蓄能力限制等原因导致了用水目标、用水时间和用水地域的冲突，从而产生了用水竞争性，水资源规划是针对水资源短缺和用水竞争性而提出的。水资源规划的实施是由工程措施和非工程措施组成的水资源优化配置系统来实现的，水资源优化配置基本功能涵盖两个方面：在水资源需求侧，通过调整产业结构和生产力布局，建设节水型社会，以适应较为不利的水资源条件；在水资源供给侧，则是通过协调各项竞争性用水，并利用工程措施改变水资源的天然时空分布，适应生产力布局。水资源需求侧与供给侧相辅相成，综合协调水资源需求的合理性与供水方案的经济可行性，制定高效、公平和可持续利用的水资源配置方案。水资源规划是复杂的系统工程，它涉及多种水源、多个工程、多项需求以及不同经济社会发展模式的综合性规划，直接影响到具有用水竞争性的不同地区、集团和公众的利益。正是由于用水竞争性与利益差异化的存在，人们提出了各种各样的水资源配置方案，不同方案又会产生不同的经济、环境与社会效益，这就提出了以水资源配置方案优化选择为核心内容的水资源规划决策问题。

水资源规划涉及大量决策问题，加之相互关联与影响，致使决策过程十分复杂，为了使决策科学化，需要在规划理论、决策方法和定量手段上有所发展。目前研究水资源规划问题的决策方法与模型可归纳为两大类：一是通过多种方法对复杂水资源系统进行简化，采用数学规划或模拟技术求解水资源配置方案；二是直接采用大系统优化方法，先构建大系统递阶结构，然后再运用多种数学规划或模拟技术相结合的方法求解水资源配置方案。考虑我国水资源地区分布与其他重要资源布局不相匹配特点，在立足于流（区）域当地水资源合理开发与优化配置的同时，一些跨流（区）域调水工程纷纷提出，以保证经济、社会、环境的协调发展。作者综合上述两种方法的思想并引入决策理论，系统地研究了含有跨流域调水工程的水资源规划决策问题，集成运用发展起来的大系统、多目标决策、风险决策、群体决策等理论，对水资源规划决策理论与方法进行了研究。

包含跨流域调水工程的水资源规划决策问题是由跨流域调水工程、区域自然与社会经济构成的复合大系统。作者深入分析了其半结构化、复杂大系统、多层次、多目标、风险、多决策者利益冲突等特点，研究设计了水资源规划决策问题的大系统结构、决策模式、模型体系，采用大系统分解协调技术，以调水量与配置效果作为关联变量，将水资源规划决策问题中耦合存在的工程措施子系统与非工程措施子系统分解为调水工程方案选择子系统、水资源规划决策子系统，并对两个相互关联的子系统建立了不同层次决策问题的决策模型。作者为丰富和发展大系统、多目标决策、风险决策、群决策的理论与方法开展了有益探讨，尤其是采取递进耦合方式开展深入研究，以推动该方面的应用与发展，并初步形成了一套水资源规划决策理论与模型，具有一定理论价值与实践意义。

王浩

2010年11月20日

前　言

　　水资源短缺不仅制约了经济社会的可持续发展，还造成了严重的生态环境问题，解决这些矛盾的途径有两个：一是开源节流，二是对有限的水资源进行优化配置，这两个途径相辅相成，共同促进区域的可持续发展和水资源的可持续利用，但其核心还是如何合理地调控水资源。跨流域调水工程是由工程措施与非工程措施组成的集成体系，跨流域调水量与供水区域各种水资源耦合构成的复杂水资源规划决策问题具有大系统、多目标决策（包含单目标决策属性）、风险决策、群决策等特点，作者深入系统地研究了这些特点，并初步形成一套水资源规划决策理论与模型，可应用于流域水资源决策，具有理论与实践价值。

　　本书采用大系统分解协调思想，以调水量与水量配置效果作为关联变量，将水资源规划决策问题中耦合存在的工程措施子系统与非工程措施子系统分解为调水工程方案选择与排序子系统、水资源规划决策子系统，并对两个子系统进行了结构分析。针对水资源规划决策是一个大系统、半结构化、多层次、多目标、风险型、多决策者的决策问题，采用从系统分析到系统综合集成的认识和解决问题的办法，对其决策模式进行了分类，并进一步建立了水资源大系统半结构化的交互式多层次，多目标风险型群决策理论与方法逻辑框架体系。对两个相互关联的子系统建立了不同层次的规划决策理论与模型：水资源规划单目标决策理论与模型，水资源规划多目标决策理论与模型，水资源规划多目标风险决策理论与模型，水资源规划多目标风险型群决策理论与模型。为了验证提出的水资源规划决策理论的合理性与模型方法的可行性，针对某大型跨流域调水工程水资源优化配置问题，研究了其方案选择与开发排序问题、水资源优化配置决策问题。

　　本书是作者十多年来作为主要规划与研究人员从事南水北调西线工程规划、"九五"国家重点科技攻关项目子题"水资源优化配置经济效益计算方法研究"、国家重点基础研究发展规划项目(973项目)"黄河流域水资源演变的多维临界调控模式"、国家自然科学基金重点项目"应用技术评价理论与方法研究"等一系列国家重大生产和研究项目的系统化理论提炼与实践总结。本书适合于从事水资源规划、管理、研究人员阅读，也可供水利水电类和经济管理类专业及相关专业本科生、研究生参考。

　　本书得到黄河水利委员会治黄著作出版资金全额资助，黄河水利出版社为本书出版也付出了辛勤劳动，在此特表示感谢。作者感谢导师吴泽宁教授和仝允桓教授一直以来的指导与关心。感谢作者所在单位领导与同事对我的一贯关心与帮助。本书在编写过程中参考或引用了有关单位及个人成果，已尽可能在参考文献中列出，在此一并致谢，书后虽列有参考文献，挂一漏万之处恐难避免，敬希见谅。鉴于水资源规划决策理论学科体系目前仍处于不断研究和探索之中，加上编著者水平有限，本书不足之处在所难免，敬请批评指正。

王海政

2010 年 9 月

目　录

序 .... 王斌
前言
第1章　水资源规划决策概论 .... (1)
　　1.1　跨流域调水工程水资源优化配置问题及其决策特点 .... (1)
　　1.2　水资源规划决策理论研究回顾 .... (6)
　　1.3　水资源规划决策理论提出与模型框架体系构建 .... (12)
第2章　水资源规划决策的大系统结构及其决策模式 .... (15)
　　2.1　跨流域调水工程水资源规划决策的大系统结构 .... (15)
　　2.2　水资源规划决策的调控运筹与跨流域调水时机选择 .... (18)
　　2.3　水资源规划决策的经济学三重层次多维调控准则 .... (20)
　　2.4　水资源决策单维调控手段优选 .... (21)
　　2.5　流域水资源多维调控手段的集成与组合优选 .... (27)
　　2.6　水资源规划决策的调控方案生成理论与方法 .... (28)
　　2.7　水资源规划决策模式与决策方法框架体系 .... (34)
　　2.8　流域水资源可持续利用科学对策 .... (37)
第3章　水资源规划单目标决策理论与模型 .... (40)
　　3.1　基于经济效益的调水量优化配置单目标决策模型 .... (40)
　　3.2　基于经济效益的调水工程方案选择排序单目标决策模型 .... (67)
第4章　水资源规划多目标决策理论与模型 .... (80)
　　4.1　基于满意度的调水量优化配置多目标决策模型 .... (80)
　　4.2　跨流域调水工程方案选择排序的多目标决策模型 .... (89)
第5章　水资源规划多目标风险决策理论与模型 .... (96)
　　5.1　水资源规划风险决策理论基础 .... (96)
　　5.2　基于模糊与随机的调水量优化配置多目标风险决策模型 .... (102)
　　5.3　基于模糊与随机的调水工程方案选择排序多目标风险决策模型 .... (113)
第6章　水资源规划多目标风险型群决策理论与模型 .... (121)

6.1 水资源规划群决策问题的提出及决策特点 ....(121)

6.2 基于满意度的调水量优化配置大系统多目标风险型群决策模型 ....(125)

6.3 基于满意度的调水工程方案选择排序大系统多目标风险型群决策模型 ....(128)

第 7 章　某大型跨流域调水工程调水量配置及方案选择排序研究 ....（133）

7.1 研究问题的提出 ....(133)

7.2 调水量优化配置及调水方案选择排序研究思路 ....(136)

7.3 基于大系统多目标风险型群决策模型的调水方案选择与开发次序

研究 ....(137)

7.4 基于大系统多目标风险型群决策模型的水资源规划决策研究 ....(140)

参考文献 ....(148)

第 1 章　水资源规划决策概论

1.1　跨流域调水工程水资源优化配置问题及其决策特点

1.1.1　跨流域调水工程水资源优化配置问题的提出

随着经济社会的发展、人口的增长和城市化进程的加快，人们对水资源数量和质量的需求也越来越高。然而，自然界提供的可用水资源量是有一定限度的，水资源需求与供给间的矛盾将日趋尖锐，在一些地区水资源短缺已成为制约经济社会发展的重要因素。解决这一危机的途径有两个：一是开源节流，建立节水型社会；二是对有限的水资源进行优化配置，加强水资源的统一规划与管理，使有限的水资源得到有效利用。而实施跨流域调水工程兼具有开源与优化配置两种措施。

水资源问题已成为 21 世纪人类生存与可持续发展的一个重要因素。水土资源分布不均与供需矛盾是研究和实施跨流域调水的根本原因，跨流域调水作为调节水资源时空分布不均、实现水资源合理配置的重要调控手段与措施，它是在两个或两个以上的流域系统之间通过调剂水资源余缺所进行的合理水资源开发利用。跨流域调水可促进国民经济持续、协调、稳步、快速的发展，促使自然资源的合理开发利用，促进自然生态环境的改善。因此，如何进行跨流域调水工程的决策与建设，使有限的水资源量更好地造福于人民，便成了一个十分重要的议题。

为了提高跨流域调水规划决策研究的有效性，使工程实现社会、经济、生态环境效益最大化，不利影响最小化的目标，需要根据跨流域调水工程的特点进行以下主要问题的决策研究，如调水量问题、环境影响问题、工程技术问题、社会经济影响等。而其中的调水量优化配置决策又是跨流域调水工程决策中带有宏观全局影响的问题，它既是环境影响、社会经济影响等决策的先决条件，也是水资源优化配置中工程措施与非工程措施的耦合体，涉及调水方案选择、排序和规模选择、供水范围与部门确定、运行调度与管理决策、社会经济影响分析等方面。因此，如何对多流域、多地区的多种水资源(如当地地表水和地下水、外调水等)进行合理调配是重大的决策问题。跨流域调水工程水资源优化配置与供水区的水资源进行联合优化配置，其实质是一个包括跨流域调水工程的水资源优化配置，因此本次研究将水量优化配置与水资源优化配置替代采用。

1.1.2　跨流域调水工程水资源优化配置问题的决策特点

1.1.2.1　跨流域调水工程水资源优化配置问题的决策三要素

任何一个决策问题都要涉及决策对象、决策环境和决策者这三个要素。从系统的观点看，跨流域调水工程水资源配置的各类决策问题均是围绕着水资源的开发、利用、保护和管理进行的。因此，水资源系统本身是决策对象；一切水资源决策问题均是为国民经济服务的，其出发点和最终目的均是满足区域宏观经济的持续发展，而任何一种区域经济发展模式又不可能不在水的供需两方面影响水资源问题有关决策的作出。因此，与水资源决策有关的区域宏观经济系统显然是水资源决策的决策环境。决策最终是由决策者作出的，而围绕着水资源决策问题经常牵涉到上下游、左右岸、不同地区和不同部门的多个决策者，故在考虑决策者这一要素时，应把参与决策的各方面意见按某种方式加以考虑。

1. 水资源系统（决策对象）

从各类水资源存在、运动及转化的观点看，可把水资源系统进一步分为水源单元、输水单元和用水单元。水源单元包括跨流域调水工程、水库工程、地表水工程、地下水水源地、各种工农业节水措施、污水处理回用工程和海水淡化等。输水单元由河流、渠道、引水调水管线等组成。用水单元由工业、农业、生活和生态环境等部分组成。显然，不同的水源工程单元与不同输水工程单元的组合，其投资和供水效率是不同的。

然而，水资源系统本身并不是孤立存在的，供水量大小、地表水、地下水、从区外调入水、向外区调出水和处理后回用的再生水的利用比例是受经济发展状况制约的，用于水资源的各项资金是从经济积累中得到的，因此在进行水资源决策时不能单纯地就水论水，而要充分地考虑决策外部环境的影响。

2. 宏观经济与生态环境系统（决策环境）

决策环境包括宏观经济与生态环境构成的系统，二者均对水资源需求提出了相应的要求。

宏观经济系统是指水资源决策项目区内的全部经济活动。在宏观层次上描述这些经济活动，首先要把项目区内各重点地区围绕着中心城市进一步划分为若干宏观经济子区，并将宏观经济按大的部门划分为若干门类。作为水资源决策问题的决策环境，宏观经济系统主要从两方面影响到水资源的决策。第一，宏观经济发展的不同规模与结构，会极大地影响到需水量大小；第二，宏观经济发展的不同模式会影响到资产的积累与投资的分配，这也会直接影响到水资源的开发利用程度与模式。显然，在进行水资源决策时要统一考虑决策对象与决策环境，即把水资源的优化配置与区域的经济发展作为整体进行研究。

生态环境是指影响人类生存与发展的水资源、土地资源、生物资源以及气候资源数量与质量的总称，是关系到社会和经济持续发展的复合生态系统。生态环境问题是指人类为其自身生存和发展，在利用和改造自然的过程中，对自然环境破坏和污染所产生的危害人类生存的各种负反馈效应。生态环境保护的基本原则：坚持生态环境保护与生态环境建设并举；坚持污染防治与生态环境保护并重；坚持统筹兼顾，综合决策，合理开发；坚持"谁开发谁保护，谁破坏谁恢复，谁使用谁付费"制度。

3. 决策者

一般而言，影响决策者作出决策的因素不外乎四类，即利益、风险、偏好以及决策时的心理状态。对于水资源决策，由于决策不是临时随机作出的，因而可以不考虑决策者的心理状态。对于利益和风险因素，在绝大部分的水资源决策问题中，均可以用适当的数学模型进行定量描述，具有较大的客观性，属于结构化问题。但对于水资源决策过程中涉及不同利益相关者间的关系，或是愿意承担风险的程度问题，很难用数学模型进行定量描述，只能根据决策者的偏好对方案进行判断与选择，因而属于半结构化问题。决策者的偏好是集决策者的经验、稳定的心理素质、对决策问题的认识程度和对全局把握程度的一种综合反映，具有相当的主观性，因而应特别予以注意。

在水资源问题的决策过程中往往不止一个决策者。这些决策者又往往处在不同的决策层次上。处在同一决策层次上的各决策者之间(如各地区之间)所注意的主要是本地区受益的大小，着眼点在经济利益上；处在不同层次上的各决策者之间(中央与各地方之间)，下层决策者仍是注意本地区受益的大小，而上层决策者则更注意各个待选方案与既定宏观政策之间的偏离程度。

1.1.2.2　跨流域调水工程水资源优化配置问题的决策特点

跨流域调水工程水资源优化配置决策问题作为跨流域调水工程系统、区域自然系统与社会经济系统的复合系统，具有规模庞大、结构复杂、功能综合、目标和因素众多、不确定性、利益冲突等特点，是一类复杂的大系统，是本次大系统多目标风险型群决策研究的基本内容。这类系统的优化决策问题具有以下特点。

1. 结构关联的复杂大系统

跨流域调水决策问题是一个复杂的系统工程，涉及多种水源、多个工程项目、多种用途、多种需求以及不同的社会经济发展模式的综合规划，直接影响到不同地区，不同部门、集团和公众的利益。跨流域调水水资源优化配置决策问题是由自然系统与社会经济系统构成的复合系统，既包括由地表水、地下水构成的物理实体，也包括由经济部门及其关联构成的区域经济生产系统，还包括调水工程方案系统。

跨流域调水工程方案的选择与排序、供水区域的调水量配置、供水区的地表水与地下水联合调度运行、社会经济发展预测等问题是相互影响、相互关联的，必须统一考虑。例如，跨流域调水工程方案优选要与水资源配置、社会经济发展及供水区的水资源调配统筹考虑，在调水量给定的前提下，不同的运行方式将产生不同的社会经济效果，而不同的社会经济效果又反过来影响调水资源的确定。

大型跨流域调水工程水资源优化配置系统结构的复杂性表现在各子系统、各变量等之间具有相互关联的复杂结构，使系统呈现出多目标、多输入、多输出、多干扰、多参数、多变量、非线性等许多特性。但要直接同时解决这些问题是有困难的，这样将使决策变量维数太高，出现"维数灾"，而且将使系统中本来就存在的不确定性问题产生更加复杂的不确定性。

2. 水资源优化配置中的多目标决策问题

在微观层次上，对某一跨流域调水工程而言，可以有灌溉、工业与城市供水、生态环境改善、水力发电等目标。从区域发展的宏观层次看，跨流域调水工程的开发不单纯是为了经济发展，而且也是为了环境改善及社会进步。特别是若要实现区域的持续发展，在宏观层次上统一考虑水资源开发与区域经济、社会、环境协调发展之间的关系，具有十分重要的紧迫性。

实施跨流域调水工程，具有以下宏观社会经济效益：推动国民经济持续增长，促进地区经济协调发展；为国民经济的快速发展提供水资源支撑；为加快城市化进程提供水资源保证等。实施跨流域调水工程，具有以下生态环境效益与作用：增加植被，改善生态环境；促进水土流失治理；增加河川径流，改善水环境；提供可靠水源，改善人民生活环境；调整水资源布局，提高区域水资源及环境承载能力等。在严重缺水地区，水资源往往是最具战略意义的资源，水资源不足的问题不仅仅破坏生产条件，使农业的可持续发展失去基础，破坏社会经济的持续协调发展，更为严重的是，直接威胁着人类生存环境。

对于水资源优化配置决策问题，目前主要在具体的工程层次上采用了多目标决策与评价技术。如何在宏观层次上定量地反映不同的配置方案对区域可持续发展的影响，特别是在决策过程中系统地生成多目标非劣意义下的备选方案并有机地融入决策者的偏好，是决策方法研究中的难点。

3. 水资源优化配置中的不确定性与风险

水资源优化配置应考虑不确定性和风险。流（区）域水资源优化配置为长期决策，由于水资源优化配置问题的复杂性，一般需要采用优化模型来统一描述水资源与经济、环境和社会发展的关系。长期发展过程中经济增长格局具有较大的不确定性，而水文气象要素又具有随机性。这些不确定性和随机性是影响优化模型的实施前提。

决策过程实质上是对决策问题的有关信息的不断加工及深化认识的动态过程。根据具体问题收集整理有关数据，形成若干推荐方案并对各方案的实施结果进行量化，最后进行方案选择。选择的方案在实施过程中若外界条件有变化，再跟踪修正，最后使之达到或接近预期的目标。

天然来水随机性造成的风险使得有必要在决策过程中进行水的供需模拟，以对供水风险有一个基本的估计。

需水预测的基础是区域经济的长期发展态势，在经济的长期发展过程中，技术进步、经济结构、城市化进程、农村乡镇企业发展状况、城市第三产业增长态势以及水价对需求的抑制作用等均会对未来需水量的上下波动造成很大影响。一般地说，上述各类影响因素的组合状况难以预料，但某个确定组合条件下将导致的经济后果是可以推断的，因而需水预测中的不确定性使得水资源优化配置成为一个具有不确定性的多目标决策问题。

与其他水资源系统一样，跨流域调水系统的不确定性主要集中在降水、来水、用水、地区经济社会发展速度与水平、地质等自然环境条件、决策思维和决策方式等方面，相对比较而言，其涉及两个以上的流(区)域，其不确定性程度更大、范围更广、影响更深，因而无法避免由于不确定性带来的风险。

4. 水资源优化配置中的利益冲突

在区域水资源的规划与管理决策中一般涉及各地区与各部门间的利益冲突。以往的水资源决策多是从单一决策者模式出发考虑问题的。尽管在决策过程中各地区与各部门的"小团体"利益都会得到不同程度的反映，但由于决策模式本身的缺陷，不能充分地揭示出"小团体"利益间冲突，往往留有"后遗症"。因此，在水资源决策中有必要研究群决策的决策模式。

5. 决策中的半结构化问题

结构化程度是指对某一决策问题的决策过程、决策环境和决策规律，能否用明确的语言(数学的或逻辑的、形式的或非形式的、定量的或定性的)给予说明或描述清晰程度或准确程度。按照结构化程度可将决策问题分成结构化问题、非结构化问题和半结构化问题三种类型：第一类为结构化决策问题，该类问题相对比较简单，其决策过程和决策方法有固定的规律可以遵循，能用明确的语言和通用模型加以描述，并可依据一定的决策规则实现决策，比如用数学规划求解优化问题；第二类为非结构化决策问题，该类问题决策过程复杂，其决策方法没有固定的规律可以遵循，没有固定的决策规则和通用模型可依，决策者主观行为(经验、个人偏好和决策风格等)对各阶段的决策效果有相当大的影响，往往是决策者根据掌握的情况和数据作出决定；第三类为半结构化决策问题，该类问题介于上述两者之间，其决策过程和决策方法有一定的规律可以遵循但又不能完全确定，即有所了解但不全面，有所分析但不确切，有所估计但不确定，这样的决策问题一般可适当建立模型，但无法确定最优方案，比如多目标决策问题。

在跨流域调水工程水资源优化配置的决策过程中有大量的半结构化问题，单纯用数学模型是不能描述的。如地区经济、环境与社会的理想发展模式，决策者的偏好结构，大量的在模型中不能全部反映出来的影响决策的因素，某些管理体制和改革法规对决策的影响等。一方面，这些半结构化问题在计算机系统中难以描述；另一方面，决策者在多年工作实践中已积累了大量的、行之有效的处理这一类半结构化问题的决策经验。通过人机交互，实现专家经验与模型计算相结合、定性判断与定量计算相结合。

1.1.3　研究目的和意义

跨流域调水工程水资源优化配置决策，需要将大系统理论、多目标决策技术、风险决策技术、群决策技术等理论、方法进行耦合交叉研究，以更好地反映跨流域调水工程水资源优化配置决策问题的特点。目前，水利工程、系统工程、多目标决策等科学技术已有了很大发展，但如何运用现代水利规划、决策理论与方法，进行跨流域调水工程水资源优化配置决策研究是国内外值得研究的前沿课题。

考虑大系统多目标风险型群决策理论和方法研究的重要性，在广泛阅读有关研究成果和综合分析论证的基础上，以水资源可持续利用的一种开源调控方式——大型跨流域调水工程为问题背景，研究调水量优化配置和跨流域调水工程方案优选，提出了理论、方法与思路，并为发展和丰富大系统、多目标决策、风险决策、群决策的理论与方法进行了有益的探讨，尤其是将四者综合集成采取交叉耦合途径进行深入研究，以推动该方面的应用与发展。

进行该项研究的意义主要表现在以下几个方面：

(1)在可持续发展理论指导下，以跨流域调水工程水资源优化配置决策的实际问题为导向，结合大系统结构所具有的多目标决策、风险决策、群决策特点，探讨一种考虑工程措施与非工程措施进行联合优化的水量配置决策、调水工程方案选择排序研究，丰富与发展水资源优化配置的理论与方法。

(2)采取耦合途径，将大系统、多目标、风险决策、群决策进行交叉研究，提出一套大系统多目标风险型群决策理论与方法，具有一定的理论意义。

(3)在水资源优化配置决策模式上，避免目前采用的单一决策者模式，提出多层次的群决策模式，这种决策模式适用于水资源等公共资源的中央及地方两个层次的决策者进行协调，提供了科学的定量手段。

(4)探讨一套适用的定量决策方法，突破常规的经验及半经验的分析方法，能够处理大系统中不同决策层次上的多决策者参与的、适应不确定性与风险的多目标决策方法，可有效提高水资源优化配置、规划与管理决策的质量。

1.2　水资源规划决策理论研究回顾

跨流域调水工程水量优化配置决策涉及大系统、多目标决策、风险决策、群决策等学科方面，这就要求采用耦合途径借助这些理论与决策技术进行交叉研究。首先，介绍大系统理论、多目标决策、风险决策、群决策研究现状，然后，就这四个方面交叉耦合研究现状进行分析说明。

1.2.1　水资源规划大系统研究回顾

从大量研究成果的分析与调查来看，目前对大系统的研究有如下特点：

(1)将大系统分解成相对独立的若干子系统，应用现有的优化方法实现各子系统的局部最优，然后根据大系统的总目标，协调子系统，以获得大系统的全部最优。在拉格朗日函数鞍点条件不成立时，在协调迭代过程中不一定收敛到最优解。

(2)多重建模与分解技术。通过系统结构分析，对大系统进行层次分解和子系统分解，将大系统的多目标性分散并建立相应模型，以反映该层次和子系统的特性；再建立各层次间与系统总体目标的关联模型，以反映系统的总体功能。

(3)采用模型简化办法，直接将问题变换成近似等价的规模较小的问题，然后用传统的方法去求解，往往造成结果失真。

(4)大系统具有的多层递阶性和非单一的多目标性，大系统递阶分析与多目标决策方法，分别研究了这两个侧面，但对二者方法融为一体研究不够。

(5)对大系统确定型问题研究的相对较为成熟，但是对随机型、风险型、不确定型、可靠型等问题研究的不够系统和深入。

(6)对于多个决策中心的大系统问题，即群决策、单决策及其二者的结合涉及的对策问题等研究不够深入。

(7)对大系统优化方法本身研究的相对较多，但是在决策分析过程中，分析者与决策者之间交流或对话在最终决策中的作用研究不够深入。

(8)对大系统多目标决策研究的较少，对涉及的风险决策研究的更少。

1.2.2　水资源规划多目标决策研究回顾

多目标决策问题发展时间较长，但是目前的研究主要是关于求解技术与综合评价问题，研究现状分析主要从求解技术、决策者所给定信息两个方面描述。

1.2.2.1 按求解技术的分类

按照有关学者研究的分类，多目标问题求解技术大致分为三大类：第一类是非劣解的生成技术，第二类是结合偏好的决策技术，第三类是结合偏好的交互式决策技术。

第一类非劣解的生成技术是解决多目标优化问题的基本方法，是第二类、第三类决策技术中许多方法的基础，它为决策者确定偏好和作出决策提供有力信息和依据。非劣解生成技术最常用的方法有权重法、约束法、拉格朗日乘子法、固定等式约束法、权重范数和权重与约束混合法等。此外，结合数学规划，还有线性多目标规划和多目标动态规划法等。

第二类结合偏好的决策技术是在决策者偏好已知条件下，按一定决策规则进行多目标非劣解集的决策，选择最佳均衡解。这类方法按决策者的偏好结构差异可分为：以全局偏好已知为基础的方法，如多属性价值或效用函数法、杰费龙的双准则法等；以权重优先权、目的和理论为基础的方法，如权重法、目的规划法、理想点法等；以目标之间权衡关系为基础的方法，如权衡概率偏好法、替代价值权衡法等。这种分法是在方案无限、方案集未知、决策变量是连续的条件下作出的。但是，个别方法也有例外，如目的规划法和效用函数法变量可以是离散的。另一种是按方案有限、方案集已知和决策变量离散划分，这种分法有：基于序数价值函数的方法，如淘汰筛选法、契合排列法等；加权平均法、字典序法、ELECTRE Ⅰ 和 ELECTRE Ⅱ 法、广义理想点法等。

第三类是结合偏好的交互式决策技术。这类方法的特点是决策者的偏好只是部分已知，在决策过程中需要与决策者始终通过对话交流信息，故称为交互式技术。这类决策技术的方法有：步骤法（STEP）、杰费龙（Geoffrion）法、泽尼特斯-沃勒纽斯（Zionts-Wallenius）法、均衡规划法、赛蒙皮斯（SEMOPS）法等，这些方法均有各自的特点及适用范围。

1.2.2.2 按照决策者所给定信息的不同类型分类

据有关研究，按照决策者所给定信息的不同类型将多目标决策求解方法分为三大类：①不知任何偏好（即对方案或指标的偏好）信息的方法，包括优势法、最大最小法、最大最大法等。②已知指标偏好信息的方法。所包括的方法又按照已知指标的标准水平、序数偏好、基数偏好和边际替代率分为四小类，相应的方法分别包括：连接法和分离法；字典序法、EBA 法和全排列法；线形分配法、简单加权法、层次加权法、ELECTRE 法和 TOPSIS 法；层次权衡法。③已知方案偏好的方法，包括 LINMAP 法、交互简单加权法、带理想点的多维尺度法。

1.2.2.3 多目标决策研究发展趋势

大系统多目标决策分析的一些概念、理论和方法都是针对确定性大系统优化问题的，也是最基本的。目前的多目标决策分析技术的研究主要是针对目标函数、约束集等系数是确定的情况，但在实际的多目标问题中，涉及的一些系数和参数多是随机变量，并不是固定不变的，这就不能不引起人们对随机性大系统多目标风险分析、多目标随机方法（风险决策）、大系统协调中的关联变量的敏感性分析等的追求和探讨。因此，实际应用和多目标问题本身的特点决定，目前多目标决策问题的研究还没有形成一套系统、全面的理论体系和方法体系，尤其是针对多目标不确定性决策和多目标风险型决策。

大系统中存在的多目标的不可公度性和目标之间的矛盾冲突性，决定了对大系统多目标决策中存在着个体决策面临的局限性，这同时也表明大系统多目标问题中引入群决策理论与技术的必然。

1.2.3 水资源规划风险决策研究回顾

大型跨流域调水工程水量配置中涉及的不确定性和风险性因素，主要是由水资源系统与社会经济系统产生的。

1.2.3.1 工程经济评价的不确定性及其研究现状

Haimes.Y.Y 等对水资源工程规划与管理中的风险/效益分析进行讨论，标志着水资源工程经济风险分析研究的开创。我国现行的水利水电建设项目经济评价规范对此虽有所提及，但仍只限于盈亏平衡分析和敏感性分析。

(1)投资(费用)风险分析。目前的研究方法主要有两个方面：随机分析方法与模糊、灰色分析方法。

(2)效益风险分析。水利工程的效益有其不同于其他工程的特点，即天然来水的不确定性，运行管理的不确定性，产出价格的特殊性，而且还有许多效益很难量化，因此其效益风险分析的复杂性也不亚于其投资的风险分析。目前研究不多，且思路基本与投资风险的随机分析方法一样。

(3)经济效果风险分析。主要研究成果包括，考虑随机变量间相关性对经济评价风险分析的影响，计算评价指标的风险率；用蒙特卡罗模拟法求解经济评价指标的概率分布；引入结构可靠性理论和系统可靠性理论，研究了多重标准时求解水电工程经济评价风险率的方法；引入最大熵法求解经济评价指标的概率分布。

(4)水利水电工程经济评价多目标风险型决策分析。目前关于水利水电工程经济评价风险分析的研究还停留在量化经济评价的不确定特征上，实际上用风险分析的成果进行决策和管理是根本。在单一经济评价指标下的风险型决策方法主要有数学期望和期望—方差法等。这些方法存在一些不足，Yeoukoung Tung 等在分析了上述方法的局限性后，提出了单一经济评价指标风险决策的随机优势法。应该看到，目前对不确定型决策的研究成果是相当丰富的，但还没有充分应用于经济评价的多目标风险决策。

1.2.3.2 水资源系统风险分析发展历史及现状

根据有关分析与归纳，水资源系统风险分析的发展过程大致可分为三个阶段：

第一阶段：20 世纪 50 年代末期至 70 年代初期，研究的主要对象为水文风险，重点放在分析洪水估计中的风险与不确定性(包括风险率的推求及相应的水工建筑物安全标准)等问题上，内容大多以水文模型选择及参数确定方面的不确定性为主，该阶段研究重点集中在风险与不确定性的估计(如风险率推求)等问题上。

第二阶段：20 世纪 70 年代至 80 年代初期，这一阶段侧重于一些基本问题的研究，如风险内涵、衡量系统风险的性能指标、产生风险与不确定的来源等，并开始将风险分析与水资源工程规划、设计、管理以及工程评价相结合，探索风险费用、风险效益之间的相互关系和工程评价的准则，其重点是单目标经济风险问题。

第三阶段：20 世纪 80 年代以后，水资源系统风险研究进入到一个较高层次，并具有一些新的特点：首先，研究范围进一步扩大到水资源工程各个方面，包括水文、工程、经济、社会、环境、生态等风险问题；其次，风险分析与决策分析关系更加密切，风险分析逐步成为水资源系统规划与管理决策的一个有力辅助工具；最后，日臻完善的系统工程科学和多目标理论方法为复杂的水资源系统风险分析和管理提供了坚实的理论基础和有效的试验手段。

需要指出的是，尽管对水资源系统中风险分析的研究取得了许多可喜的进展和成果，但由于水资源系统规模庞大、结构复杂、牵涉面广、影响因素众多等，无论是在理论、方法上还是在应用上，都远未达到完善的地步。如水资源工程多目标风险管理基本理论体系的研究，风险损失函数的定量描述，特别是涉及社会、经济、环境等因素时；水资源系统中各类风险的分布及其动态演变规律；决策者及可接受的风险标准等。

1.2.3.3 水资源系统可靠性研究综述

可靠性是指系统完成某些特定功能的可靠程度，风险性是指系统完成某些特定功能的风险或不可靠程度，二者概念是相对应的。水资源系统本身的复杂性及众多不确定因素的存在，使得其可靠性问题显得非常复杂。水资源系统的可靠性是指在水资源系统运行管理中，完成某些特定功能的可靠程度。近年来，人们在水资源系统可靠性问题研究方面取得了一定的可喜成果，尤其是提出了水资源系统管理的机遇约束规划模型。

机遇约束规划是在数学规划模型中加入机遇约束，用以限制最优策略的选择，使得某些事件或变量的可靠性水平符合给定要求的规划方法。机遇约束规划问题是 Charnes 等(1963)提出的，Revelle 等(1969)首次将机遇约束规划引入水资源系统的设计与管理，提出了带有机遇约束的线性规划决策方法。

1.2.3.4 风险型决策研究现状

回顾提出的风险型决策方法主要有数学期望法、概率约束规划法、可靠性规划法、期望–方差法、悲观法、控制状态集递推法及分区多目标风险型决策方法等。

通常用目标函数的数学期望即概率平均值来度量决策的后果。但是，单纯地用目标函数的数学期望值作为决策后果的度量指标的数学期望法，将低概率高损失与高概率低损失等价起来，不能有效地防止决策后果偏离最优数学期望值的局限性。于是，又提出了概率约束规划法。

1.2.4 水资源规划群决策的研究回顾

1.2.4.1 群决策研究现状

早期群决策理论的基本原则是：群体决策的最优选择应该是使社会福利达到极大，或群体效用极大。20 世纪 70 年代以后，群决策研究主要分别由两类学者沿两条不同的途径进行：一条途径是社会心理学家通过试验的方法，观察分析群体相互作用对选择转移的影响；另一条研究途径是经济学家对个体偏好数量集结模型的研究。妥协、谈判和群决策理论在 20 世纪 70 年代和 80 年代期间获得了很人的发展。群决策在信息收集、信息处理、方案结果的评价以及产生新的方案等方面比个体决策有许多优势。20 世纪 80 年代，群决策理论研究和方法应用发展到新的阶段，群决策理论拓展为几个不同而又有相互联系的研究领域：偏好分析、群效用理论、社会选择理论、委员会决策理论、投票理论、一般对策论、模糊群体决策理论、经济均衡理论以及群决策支持系统等。20 世纪 90 年代，由于计算机技术、网络通信技术的发展，为消除或减少决策个体之间信息交流的障碍提供了可能，群决策支持系统成为当前研究的热点。

1.2.4.2　大系统多目标风险型决策问题中引入群决策的必要

在跨流域调水工程水量优化配置决策系统中，经常会遇到庞大而复杂的多目标决策与风险决策问题，这些问题的解决靠一个部门、一个决策者进行评价或决策显然是不够的，必须由多个部门、多个决策者组成一个决策小组——群，共同参与对问题的分析、评价和决策，最终找到一个全体成员都相对接受的群满意解，因而就形成了一类多目标群决策问题。由此可见，采用正确的多目标群决策方法，可以充分体现决策的科学化与民主化这一要求，具有较大的理论意义和实用价值。

对群决策问题的研究虽然起步比较早，但是，由于群决策问题的复杂性，群决策理论既是决策理论的前沿也是薄弱的部分。目前群决策理论和方法的研究还很散乱，尚未形成框架体系，而且在实践中的应用也还需要进一步研究。此外，鉴于群决策理论研究的主要是静态的偏好集结模型，而实际上群决策是一个信息反复交流最终达成一致的动态过程，所以应该加强对群决策过程的研究。

大系统递阶层次模型的建立、多目标权重的确定、地区资源的冲突分配协调、风险决策方案的实施、偏好的选择与确定等都离不开群体或公众的参与决策。

1.2.5　水资源规划大系统多目标风险型群决策研究回顾

1.2.5.1　水资源规划大系统多目标风险型群决策研究现状

从现状分析来看，大系统多目标风险型群决策的研究内容有以下几个特点：

(1)对于决策行为本身的研究。这方面的研究集中体现在以下几个方面：决策态度对决策的影响研究、考虑决策者风险承受能力的决策研究、在一定偏好结构下研究决策、不确定性研究中运用德尔菲法、决策本身的风险分析等。

(2)群决策研究逐步展开。这类研究较多的有以下几个方面：多人决策问题、群体决策系统、分解对策模型、多人多目标资源分配的协商对策研究、群体决策的概率模型研究、基于目标满意度的群决策研究、多目标合作群决策优化研究、两级多人决策模型、决策中的群体一致性评价、多目标群决策算法的研究、具有递阶结构的多目标群决策方法等。

(3)交互式研究方法成为新趋势。这类研究主要表现在：交互式算法的研究、人员–模型交互研究、多目标的改进交互式方法、交互式分解协调解法、对话型决策、专家系统、智能决策等。

(4)对决策中信息的研究得到重视。主要表现在：信息不充分时决策的研究、不完全概率信息的决策、贝叶斯决策方法、模糊信息决策等。

(5)可靠度问题研究较为普遍。这种普遍性表现在：可靠度研究基础上的决策问题的研究、大系统可靠度问题的研究、可靠度优化设计的大系统方法的研究、多级系统可靠性最优化的分解对策模型的研究及其算法的探讨等。

(6)大系统的解法也是一个值得深入研究的领域。总结分析目前研究可以看到，目前对大系统分析方法的研究既是一个难点，也是一个薄弱点，目前对其分析的方法多半是其他优化算法应用于大系统的研究，如数学规划法、运筹学法、决策科学方法。从目前的应用研究来看，主要是结合具体的实际问题来研究相应的计算方法。从现在来看，目前大系统的研究没有现成的方法，多是将几种方法结合起来通过组合方法进行大系统的研究。

(7)风险分析应用性研究较多且领域广泛。目前该领域的研究比较活跃，主要的几个方面是：工程方案的优选研究、水库调度风险决策、投资风险分析、水利工程施工导流风险、核电站风险分析、水资源不确定性及风险研究、环境系统风险分析、大坝安全评定等。

(8)研究方法与研究学科呈现多样化，大系统多目标风险决策中采用了其他技术。多样化的技术主要有：多目标动态投资决策方法、遗传(进化)算法、DEA 模型、信息论(熵)、影响图、模糊集与故障分析、控制论、神经网络、微观经济学、概率论、运筹学等。

(9)大系统多目标风险决策研究已具备雏形。如：复杂系统模糊随机多目标决策的递阶分解协调算法、决策支持系统设计、多目标风险决策研究、不确定性决策、大系统可靠度的研究、不确定型规划、基于风险下的综合评价、可靠性设计的大系统方法研究、多阶段决策算法在可靠度优化分配中的应用、随机多目标决策及其递阶分解协调算法、复杂对象系统多目标综合评价、宏观管理决策支持系统等。将大系统、多目标、风险决策三学科中的两个方面结合研究较多，但对其三者集成研究的较少。

1.2.5.2　水资源规划大系统多目标风险型群决策研究发展趋势

通过大系统多目标风险型群决策的现状和存在的问题进行分析，今后还应加强以下几个方面研究工作：模型的目标应向多目标发展，模型功能应向多功能发展，模型结构要由整体模型向模型系统过渡，系统分析内容要考虑不确定因素的方案选择，大系统多目标分析技术将得到迅速发展，大系统中广泛存在的群决策问题使得群决策技术的应用非常必要。从风险决策来看，目前对单目标问题有所探讨，而对多目标风险问题的研究则较少，有待进一步探讨。

大系统往往具有多目标特征，且各目标之间存在着竞争关系。用最优准则(如工程投资最小、效益最大等)和单一目标(将一些相互竞争的目标简单地作为约束处理后，选用一个目标)进行优化，给出"最优方案"供决策者参考和采用。这样的"最优方案"由于不能反映作为约束处理(这个约束处理常常未必合理)的各个目标之间的利益转换关系，可采用结合决策者的偏好和效用，给出相应的决策方案或所有方案的优先关系。多目标决策方法运用能适应各种决策要求、扩大决策范围，有利于决策者选出最佳均衡方案，促进决策的科学化、民主化。

大系统决策也常伴随着大量的不确定性因素的影响，因而无法避免由不确定性带来的风险。确定性意义下的"最优"方案实际上并非最优，只是平均状态下的最优，很可能是较劣的，甚至是不可行的。人们已不仅仅满于追求各种目标，同时还关心获取这些目标所承受的风险如何。为使大系统充分发挥预定的功能和作用，在大系统决策中有必要防止出现实际结果偏离预期的目标值过大的风险、策略不可行的那种意外或风险。因此，大系统决策有必要考虑不确定性因素的影响。

大系统所具有的多目标、不确定和群决策特征，使得目前的研究方法遇到了障碍。目前，风险评价成果多限于单目标，评价对象多限于工程和项目；多目标决策成果多限于项目系统，且评价理论和方法尚不完善；大系统问题的风险评价和综合评价的成果尚很少见。因此，有必要结合大系统特征，研究多目标风险评价(决策)的理论和方法及集风险因素与确定目标于一体的多目标决策评价理论模型和方法，这样将对丰富风险分析和综合评价研究内容，完善风险评价、综合评价的理论和方法，以及发展集风险因素与确定性因素于一体的复杂大系统评价决策理论和方法具有重要意义。将大系统、多目标决策、风险决策和群决策四个学科方面通过耦合途径进行交叉研究，即按照大系统多目标风险型群决策来研究将是非常有意义的。

1.3　水资源规划决策理论提出与模型框架体系构建

研究针对跨流域调水工程水量优化配置决策，采用大系统、单目标决策、多目标决策、风险决策、群决策理论，通过交叉耦合的途径，研究设计了决策问题的大系统结构；考虑研究问题决策特点的逻辑关系，设计了水量优化配置问题的决策模式；按照解决问题模型的性质不同，研究了这些模型体系的逻辑关系。针对决策问题包括工程方案选择排序子系统和水量优化配置子系统，对两个相互关联的子系统建立了不同层次决策问题的决策模型：研究建立了水量优化配置的单目标决策模型与水资源规划决策的经济效益计算模型；研究建立了水量优化配置的多目标决策模型与调水工程方案选择排序的多目标决策评价模型；考虑不确定性决策环境的存在，研究建立了基于随机与模糊的水量配置的多目标风险决策模型、调水工程方案选择排序的多目标风险决策模型；针对决策所表现出来的利益冲突与群体决策的特点，引入群决策的理论与思想，分别建立了水量优化配置决策、跨流域调水工程方案选择排序的大系统多目标风险型群决策模型。具体研究内容如下：

(1)分析研究了水量优化配置问题的大系统结构，引入了科学意义上区域缺水的判别条件，设计了跨流域调水工程水量优化配置的决策模式，研究了水资源优化配置决策方案的信息结构。采用分解协调思想，以调水量与水量配置效果作为关联变量，将水量优化配置决策问题中耦合存在的工程措施子系统与非工程措施子系统分解为调水工程方案选择与排序子系统、水量优化配置子系统，并对两个子系统分别进行了结构分析。研究了水资源调控的运筹原理、区域缺水条件与调水时机、水资源优化配置决策评判准则与决策机制。针对决策问题是一个大系统、半结构化、多层次、单目标、多目标、风险型、多决策者的决策问题，采用从系统分析到系统综合集成的认识和解决问题的过程，对其决策模式进行了分类，并进一步建立了大系统半结构化的交互式多层次多目标风险型群决策方法逻辑框架体系。

(2)针对单目标决策问题，分别建立了基于经济效益的水资源规划单目标决策模型、水资源规划决策的经济效益计算模型。

(3)针对大系统中工程方案选择子系统和水量优化配置子系统，分别建立了基于满意度的多目标交互式迭代的水量优化配置决策模型、开发次序研究的多目标决策评价模型。

在跨流域调水工程的多水源联合调配数学模型建立的基础上，研究了水量优化配置决策分解递阶模型的单目标求解技术，提出了采用满意度的概念和交互式决策的思想，针对多层次决策问题，在基于多目标综合满意度的单层次多目标决策模型及其算法研究的基础上，建立了基于满意度的多目标多层次交互式迭代的水量优化配置决策模型。针对工程方案选择与排序子系统，分别建立了基于方案选择的多目标模糊整数规划模型、基于经济比较的开发次序研究动态规划模型。

(4)在前面建立的确定型多目标决策模型的基础上，引入随机与模糊两种不确定型决策环境，分别建立了基于随机与模糊的水量优化配置多目标风险决策模型、基于随机与模糊的调水工程方案选择排序的多目标风险决策模型。在水资源优化配置系统中广泛存在着大量的随机不确定性、模糊不确定性，形成了随机与模糊耦合的不确定型决策环境，研究了随机模拟的机会约束风险决策与模糊模拟的机会约束风险决策的理论基础，考虑水资源供给侧来水条件的随机性与需求侧社会经济系统未来水资源需求预测的模糊性，建立了基于随机模拟与模糊模拟的多目标风险决策模型，并探讨了交互式的多目标机会约束决策的混合遗传算法求解技术。针对跨流域调水工程风险决策表现出来的模糊性与随机性特点，分析了模糊不确定性对调水工程风险分析与风险决策的影响，引入模糊事件的模糊概率的概念，建立基于随机与模糊不确定性的经济风险分析与风险决策模型，在此基础上研究建立开发次序研究的多层次多目标模糊动态规划模型。

(5)在大系统多目标风险决策模型研究的基础上，引入群决策理论与技术，针对水量优化配置、工程方案选择排序两个子系统，分别建立了基于群体满意度的调水量优化配置决策的、基于群体偏好集结的调水工程方案选择排序的大系统多目标风险型群决策模型。分析研究了两个子系统群决策是一个半结构化和非结构化耦合大系统，具有冲突协商决策、柔性决策、主从递阶决策、随机与模糊决策环境等特点的问题。基于群体满意度的概念，在单层次多目标风险型群决策模型建立的基础上，按照计算群决策满意度进行跨流域调水工程水量优化配置方案的研究。针对跨流域调水工程方案选择与排序问题，建立了基于满意度的多层次交互式群决策方案评价模型。

(6)为了验证模型的合理性与方法的可行性，针对某大型跨流域调水工程水量优化配置问题，运用大系统多目标风险型群决策模型，研究其方案选择与开发排序问题、水量优化配置决策问题。研究表明，模型合理，方法可行，可为决策提供参考。

(7)将大系统结构分解为水量优化配置子系统、调水工程方案选择排序子系统两个关联的子系统的基础上，按照设计的决策模式、交互式大系统多层次多目标风险型群决策方法逻辑框架体系和建立的跨流域调水工程水量优化配置决策问题的信息结构图，将关联的(关联变量是调水量与水量配置效果)水量配置子系统、调水工程方案选择排序子系统两个子系统，平行进行单目标决策研究、多目标决策研究、多目标风险决策研究、多目标风险型群决策研究。水资源规划决策理论与模型框架体系逻辑关系见图 1-1。

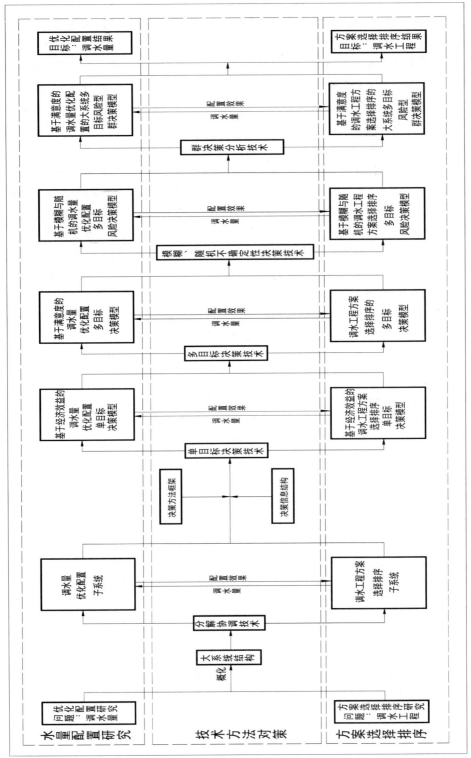

图 1-1　水资源规划决策模型体系关系图

第 2 章 水资源规划决策的大系统结构及其决策模式

2.1 跨流域调水工程水资源规划决策的大系统结构

2.1.1 水资源规划决策的递阶分解协调总体管理模型

由大型跨流域调水工程水量优化配置系统的特点分析可知,跨流域调水工程水量优化配置决策中涉及调水工程方案的优化选择与排序、供水区的水量调配、供水区水资源开发利用与区域宏观经济发展等方面,而且是耦合联系在一起的,显然,将其作为一个整体进行统一研究,建立一个包罗万象的整体模型同时研究这些问题,势必带来严重的维数灾,而且还将使得本来就存在的各子系统的不确定性与风险交织耦合在一起,处理与解决起来将更加困难,从目前来看一般模型是难以做到的。因此,针对跨流域调水工程水量优化配置决策问题子系统之间的错综复杂、相互依赖关系,将整体问题模型系统分解为若干模型子系统分别进行优化、模拟,然后经过多次反馈、协调、修正,再进行系统综合,使整体问题得到接近全局的最优解或满意解。这样,为了研究跨流域调水工程水量优化配置决策中一些目标、参数之间的错综复杂关系,采用大系统分解协调原理分解为若干子问题,根据每个子问题的性质和求解目的,采用不同优化准则,建立不同数学模型,应用不同优化技术来求解,并使这些参数同时达到最优或较优,是必要的也是可以实现的。

区域宏观经济发展及供水区缺水量预测作为本次研究的参数和变量输入。由分析研究可知,调水工程方案的选择直接影响供水区域的水量优化配置数量,而调水量的优化配置效果也将影响调水方案的评价指标。由此看来,二者是通过调水量及配置效果耦合相关的复杂大系统问题,无法独立进行调水开发方案的选择或调水量的优化配置,本次研究采用总体协调管理模型将其概化为递阶结构图,见图 2-1。分别研究调水工程方案选择和开发次序选择子系统、大型跨流域调水工程水量的优化配置子系统,并按各子系统之间的调水量(调水工程方案)、水量配置效果关联关系进行协调,最后,用跨流域调水工程水量优化配置决策与调水工程方案选择与排序协调确定总体优化目标,从而达到供水区域社会经济持续协调发展与水资源合理开发利用的目的。

2.1.2 水资源优化配置决策的大系统结构模型

根据跨流域调水工程水量优化配置决策的大系统结构特点,在跨流域调水工程水量优化配置决策建模时,引入交叠分解的概念,这种交叠分解有两层含义:其一是指水量

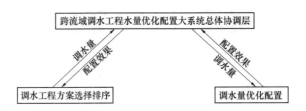

图 2-1　跨流域调水工程水量优化配置决策的大系统总体递阶结构示意图

优化配置决策系统分解成为相交的子系统，而这些子系统是水资源系统的某一部分；其二是指在协调过程中系统的模型使用了不止一次的分解。这就是在水资源系统的递阶结构中，通常把整个区域分成子区域进行研究，如以水文特征分解、以行政边界分解或以地区目标和功能分解等，这些分解的每一种都是相互交叠的。显然一种分解的分区边界可能与另一种分解的分区边界不重合，系统模型的一种分解或更多种分解是由所研究问题的性质决定的。

　　根据大系统递阶优化控制理论与方法，对跨流域水量优化配置决策问题，研究时间、空间、用户的特点，分析水量优化配置决策模型的结构特点：①水资源来源分成跨流域调水供水系统、区域地表水资源供水系统和地下水供水系统；②在地表水供水系统中，又将一年的管理周期分解成 12 个时段(月份)，每个时段作为一个时间子系统，在地下水供水系统中按行政区划及用水特征，将整个系统分解成若干地下水子系统；③区域宏观经济系统中按行政区划及管理特征分解成若干供水区子系统；④将用水子系统分解为工业、农业、生活、生态环境等四个用户子系统；⑤按照规划水平年，将系统分解为 2010 年、2020 年、2030 年等不同规划水平年；⑥按照配置方案评价效果，将目标分解为缺水量、供水净效益、地下水开采量。然后分别建立各子系统决策模型，并按其关联关系进行耦合协调，最后，按该地区水资源开发利用的总目标，在水量配置的最高级上设置总协调模型来协调与各水资源系统有关的各子系统的关联关系，从而达到地区水资源与经济发展协调管理的目的。

　　建立的交叠分解递阶协调结构图见图 2-2。

2.1.3　调水工程方案选择及排序研究问题的结构体系分析

　　跨流域调水工程方案选择与排序是研究调水工程方案在未来一定规划期内，在保持供水区域社会经济可持续发展对水资源需求的条件下，如何按时间顺序选择调水工程方案。虽然对某一规划水平年来说，调水工程方案选择是静态问题，但是从动态时间顺序来看，又是如何安排工程方案的有序建设问题，也就是调水工程方案的排序问题。调水工程方案的选择与排序又是耦合连接在一起的，比如对某一规划水平年来说，选择某一工程方案来说可能是最优的(最满意的)，但是从整个未来水资源需求系统来研究工程方案的组合排序却有可能是较劣的，所以说工程方案的选择与排序要共同研究，以使调水工程方案的选择、排序在整个研究问题系统中均是较优的或满意的。

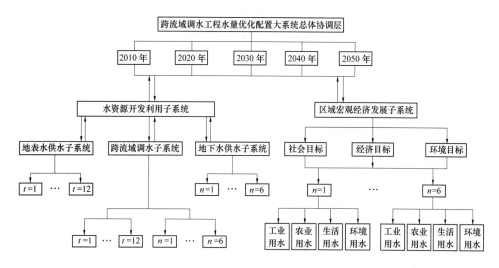

图 2-2　调水量优化配置决策交叠分解递阶协调结构示意图

由上面分析可知，跨流域调水工程选择与排序问题，就是研究为满足需求而对区域供水能力加以扩充的规划问题，称之为水量扩展规划。它是从若干待建调水工程中，选择最优的工程组合和工程兴建顺序、时间及其规模的方案，以期用最少的投入取得最佳的产出效果。这里确定工程方案的最优开发次序和投入时间问题，是在下述两个条件下进行的：其一，参与排序的所有工程的地点、参数、规模是选定的；其二，未来一定时期水量需求量也是初步拟定的，或根据供水流域发展规划及流域状况是能够预测的。因此，跨流域调水工程的选择与排序的水量扩展规划解决的问题是，在一定的供水范围内，确定待建的调水工程的最优开发规模、兴建顺序和投产时间，以满足区域社会经济发展对水资源增长的需求和水资源系统综合利用的要求，而使整个研究系统获得最佳的技术经济及其他综合效益。

由于调水工程方案群的开发规模与开发次序等紧密相联、相互影响，同时，调水工程选择系统的参数多、维数高，运用一个整体模型解决容量扩展规划中所有问题会使模型庞大而复杂，而且还将增加除各研究子系统本身不确定性外的随机性，这将给求解带来极大的困难，甚至无法求解。因此，利用大系统分解协调原理，将跨流域调水工程水量扩展规划问题按层次分解为若干子系统，采用多级递阶控制结构，分别求解各子模型和主模型，往复协调，达到总体最优。遵照这个思路，图 2-3 给出了调水工程水量扩展规划的递阶控制结构。上层

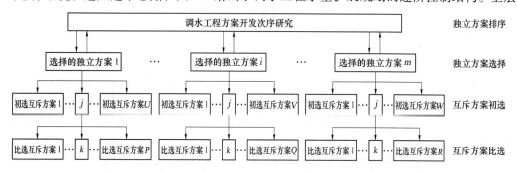

图 2-3　跨流域调水工程开发次序研究递阶控制结构示意图

是协调控制级，也是工程方案选择与排序子模块的最高级，它是一个动态规划模型，也称主模型，它的功能是优选调水工程的最优开发次序和投入时间，下层是调水工程方案选择的模型、筛选排队模型。

2.2　水资源规划决策的调控运筹与跨流域调水时机选择

2.2.1　水资源规划决策的调控运筹

人类水资源需求量的大量增加，造成严重的缺水问题；天然水资源可供给量和人类水资源需求量之间在时空的严重不匹配，产生了跨流域调水的需求；水资源的短缺，严重制约了社会经济发展，也造成严重的生态环境问题。所有这些问题的解决都归结为社会经济生态环境与水资源协调发展的问题，关键是如何合理地调控分配水资源。这一决策过程需要考虑不同的分水原则、水资源供需的时空变化、不同用水部门的水资源利用边际效益、水价系统等众多相互作用的复杂因素。为此，引入国内学者王劲峰等提出的水资源调控运筹理论来解决。水资源调控的目的是为实现区域社会经济发展目标而提供水资源的有效保证，这一目的的实现依赖于水资源供给量与区域社会经济发展目标所对应的水资源需求量之间在总量和时空配置方面的平衡，构成一个调控运筹和决策系统，见图2-4。该系统包括三大互相关联模块：区域社会经济发展目标模块、水资源供给模块、总量时空优化模块。区域水资源利用时空运筹模型为核心的决策系统，包括总量平衡、时序匹配、空间匹配和时空耦合等4个优化层次，由区域发展、水资源需求、水资源供给、时间运筹、空间运筹等5个子系统组成。

(1)区域社会经济发展目标模块。区域社会经济发展目标选择：工业城市、农业基地、混合型或其他类型等，并且确定发展规模。不同产业用水特点不同，区域总用水量在时间和空间分布上是不均匀的。

(2)水资源供给模块。水资源供给包括当地水和区域外跨流域调水，当地水包括地表水和地下水。各类水的时间、空间运动规律不同，造成区域水资源总量在时序上和空间分布上是不均匀的。

(3)水资源利用决策过程模块。水资源供给减去需求得到水资源差额，其中包括总量差异、时间差异和空间差异。找出这些差异后，可以采取不同的策略调整，使得供给和需求互相之间在总量和时空上完全匹配，维持水资源可再生性，保证区域社会经济与水资源协调发展。

水资源供给减去需求得到水资源差额，其中包括总量差异、时间差异和空间差异。水资源量和社会经济总量在空间和时间维上均可以移动或保持不动，以实现相互匹配，达到区域社会经济与水资源协调发展的目的，为实现这些目的而采用的区域社会经济和水资源协调发展的各种措施就是调控手段。找出这些差异后，可以采取不同的策略使 Q 调整为差异 0，即水资源供求互相之间在总量上和时空上完全匹配，维持水资源可再生性，保证区域社会经济与水资源协调发展。按照三大模块构成的调控手段包括：产业

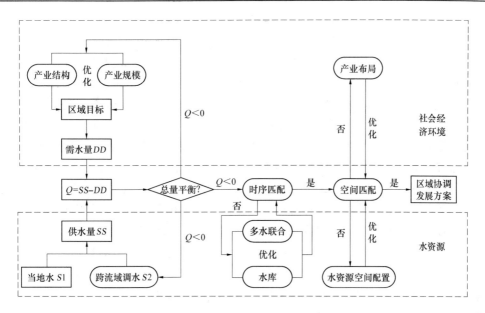

图 2-4　水资源调控运筹逻辑流程图

布局、产业规模、产业结构等经济社会系统调控手段；地表水、地下水和跨流域调水等水资源供给调控手段；总量、时间、空间等供需差异分析的水资源决策调控手段。

调控手段。为实现区域社会经济与水资源协调发展的目的而采用的区域社会经济和水资源协调发展的各种措施就是调控手段。对水资源开发利用进行调控，不外乎节水、开源、配置、管理等方面：在节水方面，考虑不同的用水要求，节水手段可分为工业节水、生活节水和农业节水；在开源方面，要通过新建水源工程、洪水资源化、跨流域调水、废污水回用，增加可供水量；水资源配置则包括水库调蓄、流域内调水和多种水源联合补偿调节与运用；管理落后也是我国许多流域水资源不能合理利用的重要原因，管理手段包括体制与机制、政策法规和经济等。

由上面分析可知，区域水资源系统与社会经济系统耦合形成的复杂系统，从水资源供给侧来看，跨流域调水的实施条件是区域供水量小于需求量，但此时还可以采取从水资源需求侧调整产业结构、产业规模和产业布局等社会系统方面的措施来解决社会经济的缺水问题。究竟哪种调控手段更好呢？这还需要进一步研究，后面还要在介绍水资源调控决策过程的基础上，引入调控手段体系、调控手段优选、调控方案生成。下面研究科学意义上的区域缺水条件与跨流域调水时机。

2.2.2　科学意义上的区域缺水条件与跨流域调水时机

兴建跨流域调水工程的先决条件，是水量调入区对水有紧迫要求，而水量调出区在满足自身当前和未来社会经济可能发展水平的用水需求条件下有多余水可供外调。但往往面临的问题是，调入区往往过分强调供水补给而忽视了对用水实际需求的研究，调出区则容易过多地强调本地区社会经济发展的相对重要性而增大本地区未来的用水需要量。如何正确评估水量调入区的用水需求和水量调出区未来社会经济发展水平，是研究科学意义上的区域缺水与调水时机的主要依据。

流域缺水的多维临界条件由生态判据、工程判据和经济判据共同构成：①生态判据说明经济用水挤占生态用水，导致生态环境由于缺水而呈明显劣变趋势，在天然与人工两个水循环通量之间已经失衡；②工程判据说明供水系统和用水设施的输水效率、用水效率已接近同类最高水平，进一步提高经济社会用水过程用水效率的潜力已不大；③经济判据为进行产业经济调整和分部门节水来压缩需求的边际成本已经与不断提高本地区供水能力的边际成本相等，同时这一边际成本已经高于跨流域调水的边际成本，说明在考虑市场机制对水资源配置作用的前提下，继续扩大本地区水资源开发利用程度在经济上已不合理。只有这三个条件同时成立，才构成流（区）域缺水的多维临界条件（实施跨流域调水工程的条件），若仅有某一判据成立，则说明尚未达到科学意义上缺水临界条件，可通过本地区产业结构调整、分部门节水和扩大供水来缓解缺水。

从"平衡→失衡、渐变→突变"的临界条件由生态环境判据、工程判据和宏观经济判据共同决定，满足一条或两条判据的条件都不构成科学意义下的临界条件，它们都可以通过采取相应措施(产业结构调整、分部门节水等)恢复到平衡范围内，科学意义下失衡临界条件需同时满足上述三条判据。

2.3　水资源规划决策的经济学三重层次多维调控准则

科学的水资源调控手段选择，主要是在充分利用和挖潜现有工程措施调控手段与非工程措施调控手段的基础上，研究需要新调控手段选择与强度优选问题，以及新旧调控手段在不同的水资源情景下投入顺序问题。虽然水资源尚未完全按照市场机制来进行调控分配，但是在目前社会主义市场经济条件下，无论是哪一种水资源投（融）资渠道，都要讲求效益原则，当然这里的效益包括调控手段经济性及与调控手段相对应的调控目标的最优性，这是调控手段选择的基本原则。按照这个原则调控手段的选择及其调控强度的优选牵涉两个方面：一方面是该种调控手段与其他调控手段经济性的比较问题，调控手段经济性含义包括与调控手段相关的投资、费用、效益、损失等，只有在这种调控手段本身是经济的，而且这种调控手段与其他调控手段相比是经济的，才优选这种调控手段。另一方面是该调控手段的效果如何，则要根据调控目标来评价，当然这里的目标是多目标的，而且调控手段强度或者说调控剂量的选择也要由调控目标来评价。跨流域水资源配置决策是具有层次结构和整体功能的复合系统，它由社会经济系统、当地水资源系统、跨流域水资源系统和生态环境系统组成。水资源优化配置的本质，就是按照自然规律和经济规律，对流域水循环及其影响水循环的自然与社会诸因素进行多维整体调控，水资源优化配置整体调控分宏观经济、微观经济、工程经济三个层次进行：

(1)在宏观经济层次，要保持人与自然的和谐关系，不断调整发展进程中的人-水关系，兼顾除害与兴利、当前与长远、局部与全局，在社会经济发展与生态环境保护两类目标间进行权衡，提高流域水循环的有效部分和可控部分，进行社会经济用水与生态环境用水的合理分配，力争使长期发展的社会净福利达到最大。

(2)在微观经济层次，对水资源需求侧与供给侧同时调控，使社会经济发展与资源环境的承载能力相互适应。依据边际成本替代准则，在需求侧进行生产力布局调整、产业结构调整、水价格调整、分行业节水等，抑制需求过度增长并提高水资源利用效率；在供给侧统筹安排降水和海水利用、洪水和污水资源化、地表水和地下水联合利用，增加水资源对区域发展的综合保障功能。水资源微观经济层次优化调控的理论基础是边际效用理论。一般来说，供水效益、供水成本与供水量存在这样的关系：①经济效益与用水量存在正相关关系，边际效益与用水量存在负相关关系。流域内各部门的总用水效益(社会、经济、生态效益的综合集成)Y 与配水量 Q 呈正相关趋势，即 $\partial Y/\partial Q > 0$，但 $\partial Y/\partial Q$ 则与配水量 Q 呈负相关趋势，即 $\partial^2 Y/\partial Q^2 < 0$。②经济成本与用水量存在正相关关系，边际成本与用水量存在正相关关系。流域内各部门的用水总成本 C 与配水量 Q 呈正相关趋势，即 $\partial C/\partial Q > 0$，且在用水量达到一定规模(临界状态，即区域水资源承载力临界阈值)后，$\partial C/\partial Q$ 与配水量 Q 亦呈正相关趋势，即 $\partial^2 C/\partial Q^2 > 0$。水资源临界调控的依据与准则是：只有当流域内各部门的用水边际效益与其边际成本相等，即 $\partial Y/\partial Q = \partial C/\partial Q$ 时，这种临界平衡状态就是流域水资源的最优调配方案，同时也是增加水资源承载能力中可再生性水资源的调控手段选择的依据。

(3)在工程经济层次，主要是从工程建设与调度管理入手，调动各种手段改善水资源的时空分布和水环境质量以满足发展需求；对水资源开发利用中存在的市场失效现象与外部不经济性，通过水资源统一管理和总量控制使各种不经济性内部化。在发展进程中力求开发与保护、节流与开源、污染与治理、需要与可能之间实现动态平衡，寻求经济合理、技术可行、环境无害的开发、利用、保护与管理方式。工程经济是在资源有限的条件下，运用工程经济学分析方法，以工程项目为主体，以技术-经济系统为核心，研究如何有效利用资源，提高经济效益。研究各种工程技术方案的经济效益，研究各种技术在使用过程中如何以最小的投入获得预期产出或者说如何以等量的投入获得最大产出。对工程技术(项目)各种可行方案进行分析比较，寻求到技术与经济的最佳结合点，选择并确定最佳方案。

由于跨流域调水工程水量优化配置决策问题中的水资源同时具有自然、社会、经济和生态属性，其调水量及其当地水资源合理配置问题涉及国家与地方等多个决策层次，部门与地区等多个决策主体，近期与远期等多个决策时段，社会、经济、环境等多个决策目标，以及水文、生态、工程、环境、市场、资金等多类风险，是一个高度复杂的多阶段、多层次、多目标、多决策主体的风险决策问题，需要研究建立水资源大系统多目标风险型群决策理论与方法体系，并探索相应的求解技术。

2.4　水资源决策单维调控手段优选

2.4.1　科学的水环境控制调控手段优选

2.4.1.1　水资源供给方与水环境需求方对策分析

假定在完全竞争性市场上，某个企业生产出的产品量为 X，伴随产出，它向河流排放污水量 D，河川径流量为 F，该企业同时又作为河流水资源的消费者必须得到一定数

量的清洁水 W 。因此，排放的污水量与河川径流量的比率 D/F 越高，政府清除河水污染、提供清洁水源的成本 B 也越高。研究证明，清除污染的边际成本是递增的，即 $\partial B/\partial(D/F)>0$ 。

水资源管理机构为保证提供足够的清洁水满足需水量，可以采取下述调控手段来解决这个问题：控制污染，引导该企业少排放污水 D ；上游水库泄水，增加径流量 F ；由公共供水机构清除河水污染，提供清洁用水 W_1 ；进行取水量控制，引导用水户采用节水新技术，降低水的需求 W_2 。在用户不采用节水技术时，需水量 $W=W_1+W_2$ 。

按照完全市场竞争博弈理论，生产 X 产品的边际成本(含企业治理污染的边际成本)将会等于市场均衡价格 P 。如果水资源管理部门采取对策不断调整河流水资源费，直到水资源费等于清除河流污染、提供清洁河水的边际成本。

如果水资源管理部门确定水资源费 $P=\partial C/\partial W_2$ （ C 为节约一定水量所花费成本），可以假定，用水户对策是：首先设法自己节约用水，直到私人节水边际成本 $\partial C/\partial W_2$ 正好等于水资源费 P 。可以得出结论：在完全市场化以及信息充分的条件下，均衡是可以达到的，而且，征收水资源费用能够有效地引导用水户节约用水，使社会效用最大化。但是，如果市场化不完善，从上述限制条件可以推论，水资源费征收并不能达到最佳社会福利目标，水资源的计划经济管理模式的弊端已经证实了这一点。

2.4.1.2　水污染控制的财政对策

假设政府对排放在河流中的每单位污水征税或者征收排污费 T ，结果，生产 X 产品的企业，其利润就是产品均衡价格减去排污水量乘以排污费再减去生产产品的货币成本。如果该行业是竞争性的，每个企业都可以把排污费看成是给定的，政府采取财政控制措施对每单位污染物征收河流污染税(或者排污费) T ，并使之等于 $1/F$ 乘以提供现有数量的清洁水因污染物比率提高而花费的政府治污成本和节水成本增加量。

如果水库管理部门决定加大泄流，用于增加流量，达到一定的均衡点，在这个点上，增加径流量 F 的边际成本，正好等于污染税率乘以河水中的污染浓度 D/F 。也就是说，如果水库担负水质改善的责任，对水污染采取收费制可以有较好的控制效果。

根据以上博弈分析，在完全市场条件下，水资源管理可以采取多种规制措施，而且只有在这种条件下，水资源的许可证管理措施才有正激励作用。

2.4.1.3　污水资源化

1. 污水资源化方式及其利用途径

直接回用和间接回用是城市污水资源化的两种有效途径。直接回用就是将污水经过适当处理后，不再经过天然缓冲水体的稀释与净化，直接用于农业灌溉、工业冷却循环用水、冲洗道路等。间接回用是指污水适当处理后，直接排入天然水体或回灌到地下含水层，再经过自然稀释、过滤和净化(包括时间和空间的净化)，然后再取用供给不同时期使用。实践证明，城市污水资源化可代替开采地下水，可以不开采或者少量开采地下水，城市污水回用于工业，可以有效地防止地面沉降，并且减轻环境污染。

2. 污水资源化方案拟定

污水资源化问题，过去在水资源供需平衡分析时，考虑只要是排放的废污水量都可以作为回归可再利用的水资源，这隐含着上面提到的间接回用，但实质上这是没有考虑水污染导致水资源可利用量的减少，也就是没有考虑污染性水资源短缺问题。

1)污水资源化最大数量的分析拟定

污水产生量的预测源于水资源计算分区的供水数据，由水资源供需模型中的供水量扣除蒸发、渗漏和人畜及产品携带损失量后作为污水产生量，该算法可由水量平衡证实。一般来说，考虑到不同工业技术水平和地区差异，污水产生系数城镇可按 0.6 ~ 0.8 拟定，农村地区可按城镇系数的 50% 考虑。废污水排放量由下式计算：

$$q_{污水} = Q_{供水} f_{污水}$$

式中　　$Q_{供水}$——预测年度区域供水量；

$q_{污水}$——预测年度区域污水产生量；

$f_{污水}$——预测年度区域污水产生系数。

按照一些研究与统计分析，并结合一些水资源短缺、污水资源化先进国家的经验，如以色列、南非等，污水经收集处理后，其中 70% 是可以再次循环使用的。按照黄河流域城镇生活 0.6 的产污系数，这样污水直接回用量上限可达到 0.42(0.6 × 0.7)，据此初步分析，拟定黄河流域城镇生活污水资源化上限为 0.4，没有污水资源化的污水排入河道，采取间接回用方式。也就是说，污水资源化数量是其供水量的 40%。实际上调查分析污水处理再利用现状及存在的问题，落实用户对再利用的需求，制定各规划水平年再利用方案。在不同地区这个数值是存在差别的。

2)污水资源化方案拟定

上面分析的污水资源化上限数值作为污水资源化的极限方案。考虑流域污水资源化的现状及其存在的问题、治理力度与经济承受能力问题，按照正常发展情景，考虑流域的实际情况及用户承受能力，根据需要和可能，考虑较现状加大再利用力度的方案，拟定污水资源化方案。

污水资源化相当于在不提高天然水资源开发利用强度的情况下等量增加了有效水资源供应量，或者是在用水总量一定的情况下，可相应减少天然水资源消耗量。污水资源化在水资源供需平衡分析中是按以下公式分析计算的：

$$W_{污水资源化后需(供)水} = \frac{W_{污水资源化前原需(供)水}}{1 + \alpha_{污水资源化}}$$

式中　　$W_{污水资源化前原需(供)水}$——污水资源化前预测的需水量或供水量；

$W_{污水资源化后需(供)水}$——污水资源化后新的需水量或供水量；

$\alpha_{污水资源化}$——污水资源化的数量占原需水量或供水量的比例。

若原需水预测水量为 2 400 万 m³，污水资源化系数为 20%，则污水资源化后的需(供)水量为 2 000 万 m³，相当于水资源需求量由原来的 2 400 万 m³ 减少为 2 000 万 m³。

污水处理再利用要分析再利用对象，并进行经济技术比较，主要对冉利用配水管道工程的投资进行分析，提出实施方案所需要满足的条件和相应的保障措施与机制，这有待于今后加以研究。

2.4.2　科学的洪水资源化调控手段优选

洪水资源化是指在满足调水调沙要求或者不进行调水调沙的前提下，尽量利用汛期洪水发挥兴利作用。洪水资源化其中一个途径就是利用汛期洪水或雨水回灌，回灌必须有合理布局的井群，目前像黄河中下游一些地区已经具备这些条件。汛期洪水利用的另一个途径是通过汛期风险调度，适当抬高汛限水位，将汛期洪水蓄积起来转化调节到非汛期的关键用水期，这主要有两种调控手段：一是适当抬高水库汛期限制水位；二是由于洪水主要集中于主汛期，前汛期、后汛期洪水明显小于主汛期，根据洪水分期特点，可以抬高非主汛期水库的防洪限制水位，使水库多拦蓄汛期的洪水，提高水库非汛期蓄水的保证率，充分发挥水库的综合利用效益。

洪水资源化的回灌途径在获得相应供水效益的同时，也需要发生相应的费用，发生的边际费用与获得的相应边际经济效益的比较，将决定洪水资源化的数量。在已有井群布局或者平原水库条件下，尽可能多地回灌或者回蓄水量，如果洪水资源量较大，在合理的地表水地下水联合调配的前提下尽量多利用汛期洪水，若在这种情况下，仍有洪水可以利用，就需要新建相应的井群和其他蓄水设施，进而计算相应的边际供水费用(成本)，如果边际费用小于回灌水量的边际效益，说明通过工程措施(井群或塘、堰、坝)继续增加回灌水量在经济上是合理的，可以继续增加回灌水量，直到边际费用与边际效益相等时，即达到了回灌水量利用的上限。

洪水资源化的风险调度途径是抬高汛期限制水位，它在获得相应供水效益的同时，也存在相应的风险损失，边际损失与其边际经济效益比较，将决定风险调度洪水资源化的数量。一般来说，抬高汛期限制水位，进行风险调度要保证大坝或水库的安全，在这种情况下，抬高汛期限制水位实际上将加大下泄的洪峰流量或者洪水总量，这样的话，需要加高加固堤防，以保证其满足相应增大的过洪量；若不进行堤防建设，将产生一定的洪灾损失。一般来说，可以分析这二者的边际费用与边际洪灾损失，选取二者的较小者作为应对风险调度的调控措施，但实际上，往往是在风险调度中适当加高加固某些低标准堤防，再考虑超标准洪水造成的损失，选取的堤防加高加固工程量的原则是边际费用与边际损失相等。在相应的边际损失(边际费用)分析计算的前提下，研究抬高汛期限制水位后风险调度获得的边际经济效益，这里的效益包括抬高蓄水位后增加的发电水头以及增加非汛期发电保证电量所获得的经济效益，增加的工业、生活和农业灌溉经济效益等，若边际损失(边际费用)小于边际效益，说明可以继续抬高汛期限制水位以增加洪水资源化的数量，直到边际损失与边际效益相等，即达到风险调度调控手段的洪水资源量上限。

从水库调节角度来说，回灌(补源)洪水资源化调控措施主要是将汛期的水量在汛期加以利用，风险调度是将汛期洪水调蓄到非汛期使用。二者也有一个权衡资源利用量问题，也就是调控手段及其使用强度选择问题，二者资源量的划分也是按照边际效益、边际损失、边际费用三者之间的大小转换关系，来确定(组合)调控手段的采用以及调控手段规模(强度)。

2.4.3 科学的产汇流与水沙过程调控手段优选

社会经济发展进程中的人类活动,从循环路径和循环特性两个方面明显改变了天然状态下的流域水循环过程。从水循环路径看,水资源开发利用改变了河流产汇流关系,改变了地下水的赋存环境,也改变了地表水和地下水的转化路径,改变了水资源的天然产汇流过程。水资源演变情势就是指由于人类活动改变了地表与地下产水的下垫面条件,造成水资源量、可利用量以及水质发生时空变化的态势。

比如对黄河流域来说,人类活动改变下垫面条件对水资源情势的影响是主要的,它包括:土地和水资源开发利用对地表产水量的影响,地表水开发利用方式及土地利用等对平原区地下水资源量和可开采量的影响等,但最主要的还是水土保持调控措施的实施对产流量的影响,它不但影响河川径流量的形成,还对入黄泥沙的过程和泥沙的数量产生重大影响,因此这里着重研究水土保持对黄河流域产汇流影响,其他措施也以此方法分析。黄土高原地区的水土流失是长期自然和人为因素综合作用的结果,其特点主要是水土流失面积广、强度大,产沙区域集中,水土流失类型多样、成因复杂等,其危害主要有恶化生态环境、制约社会经济可持续发展、大量泥沙淤积下游河床,威胁黄河防洪安全,限制水资源利用等。

水土保持措施是多种多样的,主要包括工程、生物和耕作综合措施等,具体措施有基本农田、水土保持林、人工种草、淤地坝和骨干工程等。对一个区域来说,一般都是多种措施的综合运用,这就需要研究综合措施的准则。这里考虑两个大方面目标评价水土保持科学对策的实施,其一是单方耗水减少的泥沙量最大;其二是综合措施运用的经济效果最大,同时又要单项措施经济效果较大。各种措施采用时,在总体满足这两个目标时,对单项措施的选择采用增量资金投入效益最大原则来安排各种单项措施的规模。在某一组合的水土保持综合措施前提下,仍然有一定的泥沙将排入河流,这种情况下,仍需要采取一定的工程措施(如修建水库、堤防等)与非工程措施来调节泥沙入海,在这种情况下,还要分析消耗单方水的减沙量与单方沙的处理费用。如果单方水的减沙量小于水土保持单方水的减沙量,则需要加大水土保持措施的力度与范围,直到二者相等。如果单方沙的成本费用大于水土保持措施单方沙的成本费用,则应加大水土保持措施范围的力度与范围,直到二者相等。

2.4.4 科学的洪水调节过程调控手段优选

流域防洪是工程措施与非工程措施相结合的综合性防洪体系,具体措施主要包括水库、堤防、分蓄洪及减分流相结合的蓄泄兼施联合防洪措施,正在向工程防洪措施与防洪非工程措施合理配置、相互协调结合的综合性防治体系发展。

在防洪系统联合调度的统一调度方式中,一般根据各单项工程的防洪能力和调度方式,以及共同防护区的防洪标准、河道安全泄量等条件,针对不同洪水典型,研究安排各项工程投入次序和控制条件后拟定。针对流域防洪体系的具体情况,堤防工程和分蓄洪工程联合防洪系统,其统一调度方式一般是,首先利用河道的泄洪能力宣泄洪水,当河道水位(或通过流量)将超过保证水位(或安全泄量)时,投入分蓄洪工程,使成灾洪水量导入分洪道或蓄洪区。堤防工程和水库联合防洪系统的调度方式，是在充分利用河道宣泄洪水能力的前提下，依据洪水组合情况，采用预报预泄、固定流量下泄或补偿调节等水库运用方式。堤防工程、分蓄洪工程和水库工程联合防洪系统，首先按水库配合堤防工程统一运用方式进行调度，当水库防洪库容蓄到一定程度或已蓄满的条件下，再视洪水情况选择适当时机投入分蓄洪工程。

随着社会经济的不断发展，现有的堤防工程、分蓄洪工程和水库工程联合防洪调度运用可能不能满足防洪(标准)要求，这时就要根据新的社会经济条件，结合防洪工程布局，研究规划新的防洪工程措施投入运转及其开发次序问题，总体的研究原则是分析各单项工程及其不同规模投入联合防洪系统后避免的损失(增量效益)，通过效益费用分析研究其经济合理的工程规模。将经济合理规模的各单项工程进行以效益费用比较为核心的技术经济比较，选择最优方案，即防洪的最优调控对策，并且可以根据不同规划水平年防洪要求按照同样方法选择相应投入工程的开发次序。

2.4.5　科学的水库径流调节调控手段优选

天然径流过程往往与用水需求尤其是农业灌溉需求不相适应，这就要求采取一定的工程措施通过时空调控配置以适应用水过程的要求。水资源调控就是在黄河流域或特定的区域范围内，遵循高效、公平和可持续的原则，采用各种工程与非工程措施，考虑市场经济规律和资源配置准则，通过合理抑制需求、有效增加供水、积极保护生态环境等手段和措施，对多种可利用的水源在区域间和各用水部门间进行的调配。水资源调控过程应将流域水资源循环系统与人工用水的供、用、耗、排水过程相适应并互相联系为一个整体，通过对区域之间、用水目标之间、用水部门之间进行水量和水环境容量的合理调控，实现水资源开发利用、流域和区域经济社会发展与生态环境保护的协调，促进水资源的高效利用，提高水资源的承载能力，缓解水资源供需矛盾，遏制生态环境恶化的趋势，支持经济社会的可持续发展。

科学的水库调节调控，首先，分析水资源供需结构、利用效率和工程布局的合理性，提出水资源供需分析中的供水满足程度、余缺水量、缺水程度、缺水性质、缺水原因及其影响、水环境状况等指标。其次，通过分析计算分区内挖潜增供、治污、节水和外调水边际成本的关系，明确缺水性质（资源性、工程性和污染性缺水）和缺水原因，确定解决缺水措施的顺序，为水资源调控方案生成提供基础信息。在上述分析的基础上，当计算分区内的挖潜增供边际成本、治污边际成本、节水边际成本三者之一或均小于外调水边际成本时，其供需缺口应首先通过节水治污和内部挖潜来解决。

当通过现有工程措施与非工程措施的挖潜后，仍需新建供水工程，这时首先分析增供水量的供水边际成本，若该新建供水工程边际成本小于其他措施边际成本(其他措施边际成本是指挖潜增供水边际成本、治污边际成本、节水边际成本三者的最小值)，则新建供水工程，供水工程建设规模按照新增供水工程边际供水成本与其他措施边际成本相等的原则确定。

2.5　流域水资源多维调控手段的集成与组合优选

2.5.1　流域水资源的多维临界调控

水资源多维调控就是按照自然规律和经济规律，对流域水循环及其影响水循环的自然与社会诸因素进行多种措施的调控。多维临界调控就是在水资源可再生维持理论指导下，创立多种可再生途径(如节水、调水、多水源联调、雨洪水回灌、水环境保护、促进地下水循环等)集成的多维临界调控系统，实现流域分区和整体水资源可再生优化配置。

水资源可再生性维持多维临界调控的三条宏观调控准则：使用水资源这种可再生资源的速度不超过其再生速度，水资源的利用是以其再生能力为阈值，超过该临界，则是不可持续的；在使用水资源这种可再生资源超过其再生速度后，对水资源的需求也不要超过其可再生替代资源(如污水资源化、洪水资源化等)的开发利用速度；污染物的排放速度不超过水环境的自净能力。

与水资源紧密相关的生态资源临界阈值，就是生态资源最大限度的供应量和承受度。生态阈值包括规模阈值和配比阈值。规模阈值就是生态经济要素数量聚集程度上的界限，无论是不可再生资源还是可再生资源，环境容量、资源开发利用的生产规模、人口聚集所导致的社会规模都有一个上限，开发利用过程中超过了这个上限，就会导致生态系统的崩溃，代之的是经济效果的丧失乃至成为负值；配比阈值则是各生态经济要素之间的比例关系，比如具有生态功能的植物资源和具有经济功能的植物资源之间的合理数量比例，实施退耕还林还草就是这个道理。

市场经济条件下的水资源供需，既不应是以供定需，也不应是以需定供，而是应根据社会净福利最大和边际成本最小来确定合理的供需平衡。就宏观经济来讲，抑制水资源需求要付出代价，增加水资源供给也要付出代价，两者应以国民经济总代价最小为准则寻求平衡。在微观经济层次，不同水平上抑制需要和增加供给的边际成本在变化，两者平衡应以边际成本相等为准则。当然，平衡的过程中，流域水资源的综合利用必须对生态环境约束、投资约束和灾害控制约束以及发电效益约束等给予充分的关注和考虑。

流域水资源系统是自然因素与人文因素的耦合体，在这个系统中地表水与地下水、资源水、灾害水与环境水，径流、泥沙与污染物，产汇流过程、洪水过程、水沙过程、水库调节过程、河道外用水过程和水环境过程是耦合在一起的，多维临界调控就是研究水资源演化规律，在提出的分过程"渐变—突变"临界阈值的基础上，按照满足微观机制阈值范围条件，选择不同调控手段，然后将这些调控手段综合集成。因此，多维临界调控就是在满足与水资源有关的各过程阈值条件下的多种调控手段的组合运用，这就要求研究调控手段的综合集成问题。

2.5.2　流域水资源多维调控手段的集成与组合优选

分析流域现有、在建及规划的工程和非工程措施的功能，另外考虑跨流域调水、洪水资源化、污水资源化、节水灌溉等措施对缓解流域水资源供需矛盾的作用。通过综合集成分析，考虑投资、效益和可行性等多种影响因素，对调控手段进行综合评价，最终确定调控模型中采用的调控手段与流域综合集成调控手段。

　　流域按水资源及其利用形式的不同可划分为不同的区域，每个区域都有其自身的特殊性，对水资源的调控必须分区进行，然后综合集成，构成统一的全流域调控模型。探讨分区层面调控模式时，应从下游向上游依次推进，本区域所需的最低水量是由上一个区段所提供，当两者之间的矛盾不能在两区段之间解决时，可在全流域调控中选择最佳方案，加以协调。考虑对分区水资源调控手段进行流域的关联集成的重要原因，除流域水资源本身的水循环是关联在一起的外，水资源的使用往往还存在外部性，这种外部性只有在整个水资源系统与社会经济中使其内部化，才能反映其调控手段的真正价值。

　　在分区或分部门研究调控手段时，作为公共产品的水资源往往具有外部性，这种外部性往往导致市场失灵，这就引起了公共政策问题。当外部性存在时，水资源价格不一定反映它的社会价值，结果水资源需求可能太多或太少，从而使市场结果无效率。外部性存在外部经济性与外部不经济性。当水资源需求的用户存在外部不经济性时，这在工业用水污水排放时是经常发生的，这样水资源供给的调控手段的边际成本必须以边际社会成本来选择调控手段的水资源供给数量。当水资源需求的用户存在外部经济性时，这在水土保持耗水中是经常发生的，这样水资源供给的调控手段的边际效益必须以边际社会效益来选择调控手段的水资源供给数量。

　　在考虑调控手段的外部性后，水资源供给曲线是将每种调控手段的边际成本曲线按照水资源不同价格或价值的供给量横向和纵向加总得到的。由此可以看出两点：第一，调控手段是按照供给的边际成本从最低的依次排到最高的，并且随着水资源需求的增加，投入的调控手段边际成本是增加的；第二，只有在水资源供给与需求交叉点 C 点供需是平衡的，在交叉点左侧存在水资源供给量的调控手段供给不足，而在交叉点右侧存在水资源供给量的调控手段供给过剩。

2.6　水资源规划决策的调控方案生成理论与方法

　　在具体的水资源供需分析调控方案设置时，需要兼顾可能和需要两方面因素，市场经济条件下经济准则不可忽略并且将日益凸显其重要性。市场经济条件下的水资源供需分析模式，既不是单纯的以供定需，也不是单一的以需定供，而是根据社会净福利最大和边际成本相互替代两个准则确定合理的供需平衡水平，这两个准则分别可以用宏观经济层次与微观经济层次来描述：在宏观经济层次，抑制水资源需求和增加水资源供给都需要付出代价，二者的平衡应以更大范围内的全社会总代价最小为准则；在微观经济层次，不同水平上抑制需求和不同水平上增加供给的边际成本都会发生变化，二者的平衡应以边际成本相等为准则。

　　调控方案的生成体现在流域水资源供需分析模式演化与生成的过程中，以边际成本替代性作为抑制需求或增加供给的基本判据，进行供需综合平衡。当转移大耗水产业至水资源丰富地区的边际成本更低时，则进行生产力布局调整；当实施跨流域调水至本地区的边际成本更低时，则进行跨流域调水。若由于投资与利益调整的约束而暂时不能实施具有最小边际成本的供水项目时，若按以供定需模式进行规划方案的编制，就要求同时分析以供定需模式对区域经济、社会发展制约所引起的当地经济社会、环境损失的成本、风险与代价。

2.6.1　调控方案可行域

为了介绍方案可行域的范围，首先对需水、供水方案含义进行界定：①需水预测初始方案，是指在现状节水水平和相应节水措施基础上，基本保持现有节水投入力度，并考虑最近 10~20 年来用水定额和用水量变化趋势所确定的需水方案；②需水预测强化节水方案，是在"初始方案"基础上进一步加大节水投入力度，强化需水管理，抑制需水过快增长，进一步提高用水效率和节水水平等各种措施后所确定的需水方案；③供水预测"零方案"，是以现状工程供水能力(不增加新工程和新供水措施)与各水平年正常增长的需水要求(不考虑新增节水措施)组成不同水平年的一组方案；④供水预测"高方案"，是指考虑可能新增供水设施与供水能力后的供水方案。

在不同水平年需水预测、节约用水、水资源保护以及供水预测等部分研究工作的基础上，以供水预测"零方案"和需水预测初始方案相结合构成方案集下限；以供水预测的高方案和需水预测强化节水方案相结合作为方案集上限。方案集的上、下限之间为方案集可行域。

2.6.2　水资源调控方案生成技术

在方案集可行域内，针对流域或区域存在的水资源供需矛盾等问题，如工程性缺水、资源性缺水和环境性缺水等，结合现实可能的投资状况，以方案集的下限为基础，逐渐加大投入力度，依次增加边际成本最小的供水与节水措施，提出具有代表性与方向性的方案，并进行初步筛选，形成水资源供需平衡调控计算的方案集。方案的设置要依据流域或区域的社会、经济、生态、环境等方面的具体情况，有针对性地选取增大供水、加强节水等各种强化措施组合。如对于资源性缺水地区可以偏重于采用加大节水以及扩大其他水资源利用量的措施，以提高用水量及用水的效率；对于水资源丰沛的工程性缺水地区，可侧重加大供水工程措施的投入；对于因水质较差而引起的环境性缺水，可侧重增加污水处理再利用的措施和节水措施。可以考虑各种可能获得的不同投资水平，在每种投资水平下根据不同侧重点的措施组合得到不同方案，但对加大各种供水、节水和治污力度时所得方案的投资需求应与可能的投入大致相等。

在调控供需分析和方案比选过程中，应根据实际情况对原设置的方案进行合理的调整，并在此基础上继续进行相应的调控分析计算，通过反馈最终得到较为合理的推荐方案。方案调整时，应依据计算结果将明显存在较多缺陷的方案予以淘汰，对存在某些不合理因素的方案可给予一定有针对性的修改，修改后的新方案再进行调控供需分析计算，若结果仍有明显不合理之处，则再通过反馈调整计算。

在完成多方案水资源调控供需分析的基础上，提出各方案的相应投入及预期效果，分析存在的主要问题，对拟定的方案集进行方案比选，选出优化的方案作为推荐方案。方案比选应考虑方案经济比较结果及社会、环境等因素综合确定，对比选的配置方案及其主要措施要进行技术经济分析。对选择的推荐方案再进行必要的修改完善和详细模拟，确定多种水源在区域间和用水部门之间的调配，并提出水资源开发利用、治理、节约和保护的重点、方向及其合理的组合等。

评价方案从水资源所具有的自然、社会、经济和生态等属性出发，分析对区域经济发展的各方面影响，采用完善的指标体系对其进行评价。评价体系建立在区域经济发展、工程建设与调度管理三个层次有机结合的基础上，全面衡量推荐方案实施后对区域经济社会系统、生态环境系统和水资源调配系统的影响。方案评价指标选择要具有一定的代表性、独立性和灵敏度，能够反映不同方案之间的差别。方案评价坚持效率、公平和可持续原则，从技术、经济、环境和社会等方面进行，提出推荐方案在合理抑制需求、有效增加供水和保护生态环境方面的评价结果。

2.6.3 正交设计生成技术优选比较方案

考虑调控手段变量的可能取值范围，利用多目标决策（向量优化）的非劣解生成技术，建立调控方案集。在水资源各种调控手段中，一些指标与参数阈值及范围的确定，往往需要大量的分析计算或物理模型试验，按照多目标决策生成非劣解集，非劣方案是非常多的，而每个方案中又需要大量的指标与参数支持，在实际工作中如果每个方案都做试验，往往造成资金与时间的浪费，而且也没有必要。这就要求我们按照数理统计原理来研究，如何从样本资料获得的部分信息来推断总体的有关性质？如何使样本资料具有更好的代表性？如何能用较少的样本资料获得更多的信息？如何使试验数据的统计分析具有较好的性质？这就要求事先对试验作合理的安排，这就是试验设计。这里研究的水资源调控手段就是为了考察多因素试验中各个因素对试验结果影响的显著程度，利用一套现成的规格化的表格——正交表来科学地挑选试验条件、安排试验方案和分析试验结果的方法。利用正交表安排试验，可以从众多试验条件中选出代表性强的少数试验条件，并通过较少次数的试验研究方案推断出较好的方案，同时还可以作进一步的统计分析，以得到更为精确的结论。

流域水资源可再生维持调控决策问题往往是很复杂的，它同时包含有多个调控手段，每个调控手段又具有多个不同状态的(程度、数量)变量，这些调控手段又相互交织在一起。为了寻求科学的水资源调控手段与对策，必须分析这些因素中哪些是主要的，哪些是次要的，以及最优(调控手段)状态组合又是怎样生成的等一系列问题，这就要求对各因素以及各个因素的不同状态进行试验，这就是多因素的试验问题。在正交设计中，将试验需要考察的结果称为指标，把影响试验指标的因素称为因子，每个因子在试验中所处的状态称为水平。比如对调控手段有 8 种，每个调控手段又有 5 个水平数的情况，若要对其进行全面试验要做 $5^8=390\,625$ 次，试验次数太多，这在实际工作中尤其是进行物理模型试验往往做不到。因此，采用正交设计只进行全面试验中的一小部分并对所得结果进行分析就能达到全面试验的效果。

正交设计就是一种多参数或多因素的选优方法，它利用一种规格化的表——正交表（正交表具有搭配均衡的正交性），对有数学模型的参数组合方案进行正交选择，并分析不同参数组合方案的结果，直到选出优化方案，以满足研究中需考核的特征量或目标值的要求。理论上讲，可用穷举法组合出水资源供需系统的所有可能方案，但穷举法无疑运算量非常大。

2.6.4　调控方案生成

2.6.4.1　初始方案与平衡方案界定

在进行流域水资源调控时，实践中遇到的一个最主要的问题就是需要和可能间的差距，这就要求兼顾需要与可能的规划方案设置策略。为处理好需要与可能的关系设置两组方案：一为初始方案，二为平衡方案。

两组方案的区别为，初始方案从可能性出发投资较小，从而其水资源短缺相对较大，这里的可能性可以从水资源供给侧与需求侧两方面分析，水资源供给侧主要是指以现状水资源开发利用状况为基础确定的供水量，包括地表水与地下水两部分；需求侧主要是指不同规划水平年对水资源预测的需求。初始方案拟定主要是从水资源供需矛盾最为突出的方案入手，分析解决水资源供需失衡的各种调控对策，以便为调控手段逐步投入运用提供科学依据。

而平衡方案调控手段投资强度相对较大，在水资源保护、节约、治理等方面力度更大，可基本满足发展需求。平衡方案是在初始方案基础上，进一步实现工业节水和农田灌溉节水；年供水量比初始方案有所增加；地表水、地下水、跨流域调水、污水再生利用要根据具体情况考虑，且均不少于初始方案的同类水源供水量。平衡方案中水资源供需基本平衡，节水水平和供水水平均明显提高，缺水导致经济社会与生态环境损失大幅度下降，但投资较多。由此看来，真正实施的规划方案必须兼顾需要和可能两个方面，在初始方案和平衡方案区间内向社会总成本最低项逼近来拟定各种调控方案。

2.6.4.2　调控手段变量因素分析

调控手段单变量因素分析是指一维调控手段在生成调控方案时的可能变化幅度分析，它是在前述基本调控手段分析基础上研究其可能发生的变化值。一维调控手段的变化幅度分析目的是在初始方案基础上，研究各种不同调控手段的不同调控强度投入生成新的调控方案，其主要目的是为多维调控手段集成的调控方案生成提供耦合的依据。

通过各单项调控手段的分析可以得出各单项调控手段的投资(对于具有综合利用任务的，仅考虑供水分摊部分)和效益(主要指增加的供水量)，以及新增单位供水的投资和新增供水的成本等经济技术指标。在此基础上，还需进一步分析不同类型、不同项目调控手段多种可能组合情况下的总投资与总效益，以及技术经济综合指标，这将在多维调控手段集成生成的调控方案中分析。

根据对各种调控手段调控运用的经济性进行初步研究分析，目前按可能考虑到的各种可能调控手段进行有效组合与集成，主要从水资源供给与水资源需求两方面来组合。具体调控手段包括：农业适度节水调控手段和农业强化节水调控手段，工业适度节水调控手段和工业强化节水调控手段，跨流域调水工程生效后置换原先向流域外工业生活供水调控手段，洪水资源化调控手段，污水资源化调控手段，跨流域调水调控手段，骨干工程调控手段。

2.6.4.3　不同规划水平年调控方案生成

1. 基于多维双向调控手段集成的调控方案拟定原则

针对流域或区域存在的水资源供需失衡矛盾问题，如工程性缺水、资源性缺水和环境性缺水等，结合现实可能的投资状况，以供需矛盾最突出的方案为基础，逐渐加大投入，逐次增加边际成本最小的供水与节水措施，提出具有代表性、方向性的方案，并进行初步筛选，形成水资源供需分析计算方案集。

方案的设置要依据流域或区域的社会、经济、生态、环境等方面的具体情况有针对性地选取增大供水、加强节水等各种措施组合。如对于资源性缺水地区偏重于采用加大节水以及扩大其他水源利用量的措施、提高用水效率；对于水资源丰沛的工程性缺水地区，侧重加大供水投入；对于因水质较差而引起的环境性缺水，侧重加大污水处理再利用的措施和节水措施。考虑各种可能获得的不同投资水平，在每种投资水平下根据不同侧重点的措施组合得到不同方案，但对加大各种供水、节水和治污力度时所得方案的投资需求应与可能的投入大致相等。

根据对各种调控手段增加供水或减少需水的投资与效果(效益)的初步分析，本研究调控方案拟定的基本原则是：首先，考虑挖潜、水价调整调控、治污等；然后，考虑新增供水工程。调控手段组合生成调控方案的原则是水资源供给侧与水资源需求侧实现双向多维调控，调控手段投入的原则是通过多维调控手段按边际成本最小逐步投入以实现"水资源供需失衡"→"水资源供需平衡"。

通过对流域众多水资源配置方案进行筛选，除各规划研究水平年的初始方案外，最终确定水资源调控方案进行深入详细的研究。

从调控方案设置中的水资源需求侧来看，研究中分别采用宏观经济预测、需水预测等技术，从流域社会经济发展的现实性及合理性、需水预测的合理性以及水的利用效益等方面进行了深入分析和论证，在此基础上从需水的角度，农田灌溉需水和工业需水分别采用适度节水、强化节水两套方案。

从调控方案设置中的水资源供给侧来看，其调控手段主要是水利工程(包括大型调蓄工程、大型跨流域调水工程、流域内区际调水工程、污水资源化工程等)，这些工程都是经过了流域规划或工程规划设计的反复论证和比较才提出来的，其前期工作的基础比较好而且工程条件也比较好。在各调控方案的不同规划研究水平年选择这些水利工程时，综合考虑了工程的前期工作程度(即投入运行的现实性)、工程的供水规模与某单元或某些单元在不同时期需水规模的协调性、整个水资源系统中工程和供水能力分布的合理性和代表性，以及区域性或跨地区大型水利工程论证。

在调控方案设置时，重点考虑水资源开发利用可持续性，本次研究着重控制所有方案都尽量不要出现用水量大于可利用量；坚持适当的污水处理与回用，避免水环境污染和资源浪费；坚持地下水不超采；满足生态环境(包括重点保护对象)最基本的需水要求。因此，所有水资源调控方案都尽量使其具有可持续性。

调控方案设置原则还有两个：一是资源高效利用合理配置原则，即在充分利用当地水资源的基础上，积极开发利用入境及过境客水，适当考虑外流域调水；二是社会经济环境可行原则，即建设规模和建设次序必须考虑单位水投资、社会经济效益和投资经济风险。各种工程的单位供水量投资规模是不同的,一般来说,节水工程投资最小,污水回用工程和当地水资源开发工程投资次之,外流域调水工程投资最大。

　　2. 调控手段投入力度的判断标准

　　水资源合理调控手段的提出就是要回答,究竟什么样的水资源调控手段投入才合理? 也就是怎样在其经济合理性、生态合理性、社会合理性、水资源利用合理性之间进行权衡? 调控手段的提出与投入力度按照如下原则确定:

　　(1)经济合理性判据,也就是按照市场经济条件下的边际成本大小进行优劣排序。比如,以开源和节流的关系为例,当开源边际成本高于节流边际成本时,节流就成为经济合理手段。当本地水资源的开源和节流边际成本相等且高于跨流域调水的边际成本时,跨流域调水在经济上就成为了合理手段。经济上调控手段投入的经济合理性判断的依据是获得的增加供水量效益大于其相应的调控手段投入,具体计算可以将投资进行动态的经济等值计算换算为每年的单方水投入,然后分析单方水的经济效益,当单方水的经济效益大于单方水的投入时该调控手段的投入(强度)是经济合理的。

　　(2)生态合理性判据。水资源配置生态合理性的判断依据有三条:一是整体生态状况应当不低于现状水平;二是满足生态环境保护的最低要求,以维护生态环境系统结构的稳定;三是生态环境用水的机会成本(经济效益)大于满足相应增加供水量的投入。

　　(3)社会合理性判据。是指在效率优先的前提下,水资源利用也要体现社会公平性,即流域供水范围内不同地区的人们在生活和生产过程中应享有相对公平的水资源使用权,也就是说,在缺水总量最小优化目标前提下,各地区缺水比例也要相互接近。社会公平性还应体现尊重历史、面对现实、决策未来的准则,具体表现在尽管某些地区由于天然的或社会习惯等方面的影响其水资源利用效率很高,其节水成本较高,但是考虑到水市场与水权交易近期实施的难度、不可知性,各地区发展的公平性还应同步考虑。

　　水资源利用合理性判据主要有两个:一是水资源利用高效率,即用水过程中应尽量减少水资源无效损耗;二是水资源利用高效益,即提高单方水的经济产出和单方水生态服务功能。总之,无论以何种方式开发利用水资源,其最终目的是加大对水资源的调控能力,从而增加受控的有效部分、减少无效损失部分。

　　在水资源开发利用对策提出时,上述准则之间是和谐、统一的,应坚持统一基础上的全面权衡。例如,工程措施调控手段经济合理性具备后,增加区域发展模式的经济合理性,同时并未减少其生态环境合理性;工程系统用水效率的提高,一方面提高了工程系统的经济合理性,另一方面也提高了区域水资源利用的有效性。

　　3. 工程调控手段投资分析

　　主要分析开源调控手段的跨流域调水工程投资、节水调控手段投资、治污调控手段投资等,并进行对比分析。

　　4. 调控方案生成

　　一般来说,各种调控手段由小到大的边际经济成本排序为:农田灌溉节水边际经济成本→工业节水边际经济成本→污水处理回收利用→跨流域调水工程。这个顺序也是各单项调控手段先后投入的大致顺序,不过在研究后续投入的调控手段时必须考虑前述调控措施的影响。根据上述原则,考虑工程实施的可能性以及各地区的均衡发展等因素,确定不同规划研究水平年的方案。

2.7 水资源规划决策模式与决策方法框架体系

2.7.1 水资源规划决策模式

以系统工程理论为指导，根据系统分析的思想，跨流域调水工程水量优化配置决策问题是一个大系统、半结构、多层次、多目标、风险型、多决策者的决策问题，综合处理这样复杂的决策问题的理论与方法目前还不常见，有必要进行有效探索并建立一种决策模式。

本次采取首先把复杂的问题逐级化简，然后将处理简单问题的方法集成起来形成处理复杂问题的有效方法，这就是从系统分析到系统综合集成的认识和解决问题的一般过程。显然，跨流域调水工程水量优化配置决策方法研究也应该从简化决策入手：

(1)大系统是由相互关联的多个子系统组成的，可针对各子系统分别将其分解为优化问题与决策问题，然后通过关联变量、关联参数耦合协调，采用大系统分解协调思想，这里的分解、协调是两个关联的过程。

(2)半结构化问题是无法用数学方法来描述和处理的，只能由决策者根据自己的经验、偏好和所掌握的科学知识来处理。

(3)多层次决策问题可以分解为单层次问题，用单层次问题的处理技术来处理；单层次决策问题包含有单决策者和多决策者问题。

(4)对于多决策者问题，将决策者的意见进行合理的综合归纳，并达成统一认识，这样就把其归结为单决策者问题。

(5)单决策者问题可进一步分为多目标决策和单目标决策问题。多目标决策问题的求解方法虽然比较多，但大部分都是将多目标决策问题转化为数学形式上的单目标决策问题。

(6)单目标决策问题的决策方法一般可用优化技术与方法来处理，这方面的理论方法在运筹学中已经日趋成熟。

这样就把一个复杂的决策问题逐步分解为简单的决策问题，可以使用现有的理论与方法逐步加以解决。对以上跨流域调水工程水量优化配置决策问题的分析，如果从集成的角度入手分析也可以得出逻辑一致的结论：最简单的决策问题是单目标优化；因衡量决策优劣的目标不止一个，需要采用多目标分析技术，多目标问题的求解通常是引入某种量度函数将多目标问题转化为单目标问题求解；当决策涉及不确定性及风险时，还要辅之以模拟求解技术，形成多目标风险分析与决策技术；当决策过程涉及不只一个决策者时，就形成了群决策模式下的多目标风险决策问题；若各个决策者所代表的利益相关者处于不同层次，又形成了多层次、多目标的群决策问题；若决策过程中有很多半结构化问题难以用数学模型描述，就形成了具有普遍意义的半结构化的多层次、多决策者模式下的多目标决策问题。综合以上分析，跨流域调水的水资源优化配置问题决策模式可以归纳如图 2-5 所示。

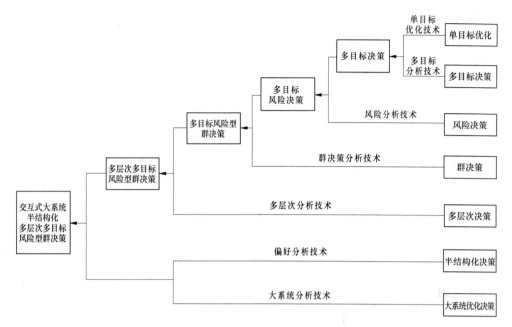

图 2-5　跨流域调水的水资源优化配置问题决策模式分类

2.7.2　水资源规划决策方法体系

本部分提出和采用了将复杂决策问题逐步简化，等效地转化为若干较简单决策问题的决策方法框架体系。

由于计算机和数学模型无法处理（跨）流域水资源优化配置中的大量半结构化问题，而决策者可以通过其综合分析能力来进行判断与选择，因此将方法设计为一种交互式工作方式。即由决策者对问题进行定义和描述，形成若干数学模型，并利用数学模型的联合运行来生成若干具有典型性的总体方案，提供给决策者挑选。决策者在挑选过程中不仅注意到方案定量计算结果，同时也在挑选过程中融入自己丰富的实践经验与决策偏好，以确定"选中"方案。在决策方法中保持这种人-机对话形式的决策过程，不仅有效地避免了半结构化问题带来的困扰，同时也使方法本身的决策能力得到提高，实际上是从定性到定量的系统综合集成方法在水资源领域的具体体现。

决策方法框架体系除利用对话方式解决半结构化问题的困扰外，还可利用对话方式将多层次的决策问题转化为单层次的决策问题。在决策方法框架中，设计了两层次决策模式，上层决策层次主要用总体战略指标及宏观发展政策来衡量具体的水资源配置方案的效果与目标，下层决策层次主要用子系统的目标与指标来衡量水资源配置方案，并注意到上层对下层决策的导向性和约束性。

对同一层次中不同决策者对某一个具体备选方案的不同意见的综合，在决策方法框架中采用基于多层次多决策者满意度方法，从而将多决策者的决策问题在数学形式上就转化为单决策者的决策问题了。在具体的决策过程中，无论是上层的各决策者，还是下层的各决策者都是通过对话挑选其"最满意"方案。

在解决了多层次问题和多决策者问题之后,决策方法引入满意度的概念,从而将单层次单决策者模式的多目标决策问题在数学形式上转化为单目标问题,最后用单目标决策分析技术进行求解。按照上述方式,决策过程(问题求解过程)始终是通过对话进行的。在对话的每个阶段,均是计算机负责定量计算,以便为决策提供依据,而决策者则负责定性判断以选择诱导,使问题逐步化简并得到解决。

2.7.3 水资源优化配置决策问题信息结构

为了使跨流域调水工程水量优化配置决策建立在尽可能客观的基础上,首先应对所面临的决策问题进行定量化的描述,这种量化过程即为从物理系统到数学系统的抽象描述过程。量化描述为:定义参数与变量→形成目标函数与约束条件→形成数学模型系统→形成决策系统→形成适合于特定决策问题的非劣方案→与决策者对话进行决策。这一量化描述过程对于可以用数学模型来表达的结构化决策问题是完全适用的,而对于水资源优化配置决策问题中难以量化的问题,即半结构化的问题,则可通过计算机(分析者)与决策者之间的人–机对话来解决,由计算机(分析者)负责定量计算,生成非劣方案供决策者挑选。决策者负责按照偏好进行定性判断,对计算机生成非劣方案的方向进行诱导。

决策备选方案是水资源优化配置决策过程中的关键环节。对数学模型系统而言,决策备选方案是各模型联合运行所产生的结果,是其辅助决策者进行决策的信息载体;对决策者而言,备选方案是其诱导决策过程和进行决策的定量依据。就单一备选方案而言,应包括三方面信息,即目标信息、决策信息和风险信息。

(1)目标信息是指一个水资源优化配置方案倘若实施后在长期内对区域社会、经济、生态环境可持续发展在诸方面发生的影响,以缺水量、供水经济净效益和地下水开采量的形式给出。

(2)决策信息由各决策变量的优化值构成,具有明显的层次性,涉及区域的发展模式和水资源的开发利用策略方式两大方面,确定了一个水资源配置方案的基本内容。由工业用水量、农业用水量、生活用水量、生态用水量、供水水量分配、调水工程规模(水量)、调水工程开发次序、工程投资及运行费、调水工程技术指标、水工程组合等构成。

(3)风险信息则主要反映某水资源配置方案在其实施过程中所可能受到的不确定性与风险的影响,即预期的实施条件变化时对期望的偏离或损失,通常以概率、可能性、置信度、可行度的形式给出。由水资源随机不确定性、水需求模糊不确定性、满意度、约束条件可行度等构成。

决策者根据上述三方面信息,可对一个水资源配置方案有一较全面的定量概念,加上对其他方面信息的通盘考虑(偏好),便可以进行各相关方案的比选、选择、决策。在某个规划水平年下的决策备选方案所具有的信息结构见图2-6。应当指出,水资源优化配置决策系统中的每个备选方案均由各规划水平年的相应数据共同组成,且信息量也远较图2-6中所示意的要多。

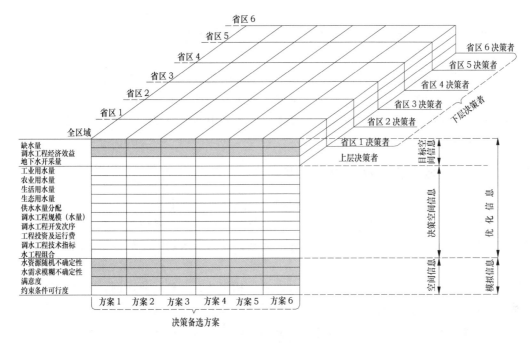

图 2-6　水资源优化配置与工程方案选择排序备选方案信息结构示意图

2.8　流域水资源可持续利用科学对策

2.8.1　科学对策研究提出的思路

利用多维临界调控模型,采取正向、反向等多种调控方式,对流域水资源进行调控,提出不同方案的调控结果,并通过对各方案调控结果的分析评价,提出不同边界条件的满意调控方案,在综合分析以往对流域水资源问题及其对策研究成果的基础上,根据多维调控结果,从工程、管理、政策、法规、经济、社会等方面,提出水资源可持续利用以及与社会经济发展、生态环境改善相协调的科学对策,为流域水资源的科学管理和统一调配提供依据。分析流域水资源可持续利用的途径、手段和措施,提出适合不同条件下的满意调控方案。结合对调控方案结果分析,研究流域水资源合理配置,从众多调控方案结果中,综合分析出流域水资源可持续利用科学对策。

流域是开放性复杂系统,流域水资源可持续利用涉及众多自然与人为因素,进行水资源可持续利用多维临界调控是以流域为整体,抓住宏观战略性问题,从流域水资源演化规律及变化趋势开展研究,对流域水资源的自然体系和社会体系一并进行多层次、分过程的综合集成研究,从而针对流域水资源面临的重大问题,提出流域水资源宏观调控模式与宏观调控对策。

科学对策提出就是根据不同规划水平年,实现流域水资源可再生性利用对策与措施,这里的措施是综合集成的调控对策,根据不同区域可采用的调控手段,通过研究微观层次和宏观层次上自然与人文因素的耦合机制,以微观临界阈值集合构成宏观多维调控可行空间，实现宏观、微观调控的综合集成。在预测流域水资源与相关生态环境的整体演变趋势基础上，进而提出流域水资源多维临界调控的集成方案，并在对多维临界调控方案进行综合评价基础上，提出水资源可持续利用科学对策。

科学对策指不同地区各种调控手段在不同水资源缺水条件下的综合集成。对某一规划水平年，科学对策是节水、新建供水工程、跨流域调水、污水资源化、洪水资源化、区际调水等手段的综合，缺水情况下，在不同地区采用不同调控手段和不同调控强度，并进行优选和综合集成。

2.8.2 提高流域水资源承载力的策略研究

提高流域水资源承载力的主要策略归纳起来主要有三种形式：

(1)外延式发展策略。保持经济布局和产业结构现状不变，增加对流域水资源开发效率、节水利用、污水处理的技术革新和方法突破，提高用水效率，降低用水定额，以期获得更高的水资源承载力。

(2)内涵式发展策略。改变经济布局和产业结构现状，调整产业比例，同时保持水资源开发利用保护投入不变，通过优化地区各部门用水定额，达到水资源的高效配置。

(3)内涵—外延双向式综合发展策略。既改变经济布局和产业结构，又增加水资源开发的技术投入，通过综合手段，提高用水效益，降低用水需求，加强节约用水管理的政策法规制定，增大治污工程投资和污水循环利用，提高有效供水水量，从而提升流域水资源承载力，以期最终建立起一个经济、社会、资源、环境协调永续发展的节水型社会。

2.8.3 流域水资源可持续利用科学对策研究

流域水资源供需平衡分析，是以区域现状和预测的水资源系统、社会经济系统及供需水系统的状况和发展趋势为基础，对各水平年的供需水系统主特征参数和性态进行定性、定量和综合分析，从而为流域水资源的合理开发利用、流域开发与规划、流域社会—经济—生态持续协调发展提供决策依据。供需平衡分析是在综合考虑各水平年水资源条件、用水条件、工程条件和水质状况等因素的基础上对相应水平年的来水、水质、供水与需水进行分析计算和比较,以探明在不同保证率下水资源供需余缺和水环境状况，最终提出解决水资源供需矛盾，改善水环境，保证区域经济发展、社会稳定与生态持续的对策建议与可行方案。

平衡值 ΔW_i (供水量-需水量)的可能情况及科学对策分析：

(1)水资源承载力有一定提升空间。

当 $\Delta W > 0$ 时表明流域可供水量大于需水量，水资源承载力有一定提升空间。

科学对策分析：这表明水资源不是现阶段流域发展的主要制约因素，在短期内流域水资源尚存在一定弹性空间。从区域发展的长远目标出发，应主动采取提高节水水平、增强污水回用程度、合理开发当地水和过境水，以及区域内调水等工程性措施，以进一步提升水资源承载力。

(2)水资源承载力接近临界状态。

当 $\Delta W \to 0$ 时表明流域供需水量大体平衡，水资源承载力接近临界状态。

　　科学对策分析：若流域水资源开发潜力较大，则应本着开源节流的原则，增加开发水资源的投资，提高流域供水水量，同时提高污水处理能力和节水技术水平；若流域水资源开发潜力较小，则应本着节流调水的原则，一方面提高用水效率，降低用水需求，另一方面必须对过境水、异地调水等客水水源进行综合利用；若流域水资源供给增长率接近或达到零增长，则水资源承载力已达到临界阈值，水资源对流域发展的支持能力已经达到最大限度，此时必须采取内涵—外延双向式发展策略，既改变经济布局和产业结构，又增加水资源循环利用的技术投入，加强节水管理的政策法规制定，做到有效供水、高效用水，全面提升流域水资源承载力，推进流域各地区向节水型经济模式转变。

(3)水资源承载力超过临界阈值。

　　当 $\Delta W < 0$ 时表明流域可供水量小于需水量，水资源承载力超过临界阈值。

　　科学对策分析：这表明水资源严重短缺，并已成为流域发展的主要制约因素。其可能原因为：维持现状供水，保持现状用水水平及污水回用水平，而未采取开源节流及污水治理措施，供水能力和用水效率低下，水资源承载力与规划目标期望值相差甚远，以致出现严重水资源危机；只考虑在现状条件下提高节水水平和污水处理回用，不考虑当地开源及区外调水，加之产业布局的不合理和人口规模的快速扩张，导致水资源短缺。据此，必须在加大节水效能、污水回用及当地开源的前提下，增强对过境水的开发利用并增加区外调水，同时合理调整产业布局，优化资源环境配置，控制人口规模，做到供水用水双高效，尽快扭转流域水资源严重短缺的供水危机，促进地区可持续发展。

第3章　水资源规划单目标决策理论与模型

3.1　基于经济效益的调水量优化配置单目标决策模型

跨流域调水工程经济效益应按有、无项目对比可获得的直接效益和间接效益计算，采用系列法或频率法计算其多年平均效益，作为项目国民经济评价的基础。对于具有城镇供水、灌溉、防洪、治涝等建设项目，还应计算设计年及特大洪涝年或特大干旱年的效益，供项目决策研究。运行初期和正常运行期各年的经济效益应根据项目投产计划和配套程度合理计算。项目对社会、经济、环境造成的不利影响应采取措施减免，不能减免的应计算其负效益。固定资产余值和流动资金应在项目计算期末一次回收，并计入项目的效益。综合利用水利水电工程项目应根据项目功能计算各分项效益，并计算项目的整体效益。

该部分研究是在广泛学习有关研究成果、跟踪相关学科最新发展的基础上，综合运用微观经济学、资源经济学、工程经济学、系统工程理论、数理统计、水资源科学等学科理论体系与方法，针对水利水电工程经济效益计算的特点，重点进行了农业灌溉供水经济效益、城市工业及生活供水经济效益、水力发电经济效益（调出区、调入区河流因水资源的减少或增加相应产生的水力发电经济损失、经济效益）、生态环境供水经济效益等四个方面分析方法的研究，并且采用多种途径就各种经济效益计算方法进行了较为系统的研究和探讨。

该部分首先介绍跨流域调水工程产生的各类经济效益计算方法，然后在此基础上建立各类经济效益累加与调水量关系的单目标决策水量优化配置模型。

3.1.1　经济效益分析目的和要求

3.1.1.1　经济效益分析目的和任务

长期以来，水资源利用规划的方法和手段大多数局限于水资源供需分析且以经验决策为主的层次上，缺乏基于经济效益计算的综合分析与评价。为了合理有效地开发利用水资源，最大限度地满足国民经济各部门用水需求，以取得好的经济效益，要求加强对水资源供水系统经济效益的分析与计算。

经济效益分析的主要目的和任务有两个：①以流域可利用水资源量为基础，回答水资源利用在各地区不同发展水平年的效益；②在经济效益分析计算的基础上，提出流域不同类型水资源(河川径流、地下水、当地降雨等)的开发利用方案(不同水资源的开发及利用情况)。

基于上述目的和任务，水资源利用经济效益分析计算要满足以下要求：①流域水资源变化具有时间上和空间上的随机性，经济效益分析方法必须适应这种随机性的变化，这就要求效益分析必然与水资源供需平衡计算过程相结合；②各种工程组合情况的不同水资源开发方案，不仅要评价子区域内各地区经济效益及其差别，同时还要评价流域水资源开发利用的总体经济效益；③对国民经济各部门的供水效益，不仅要反映充分供水条件下的经济效益，同时，还必须考虑供水不足状态下的经济效益，如农作物生长期内充分灌溉（供水）与非充分灌溉（供水）条件下的经济效益等；④流域水资源经济效益计算及其参数的选择要具有区域内各子区间的可比性，同时要便于水资源规划人员分析和有关部门决策。

3.1.1.2　水资源利用经济效益计算的要求

1. 灌溉经济效益计算是流域水资源优化配置的主要基础

流域水资源优化配置是指水资源在不同用水部门之间进行的时间和空间两个方面的配置。根据流域的具体情况，工业生活和生态环境等用水保证率较高，需要优先保证供水，对于某一规划研究水平年来说，流域水资源优化配置主要指农业灌溉在不同作物、不同时间、不同地区之间的配置，这样流域水资源优化配置在某一规划研究水平年应以灌溉经济效益最大为目标，考虑到灌溉经济效益是水源与农业生产费用及其他工程(水库、渠道、机电排灌等)共同作用的结果，农业投入和这些工程运行必定发生费用，所以应以灌溉净效益最大为目标。

2. 其他供水部门经济效益计算是水资源优化配置的要求

流域水资源优化配置，虽然是在工业生活等用水满足的前提下进行的，但这个前提是在某一特定规划研究水平年的条件下。水资源的可持续利用要求在满足社会经济发展的要求下，不断调整产业结构和生产力布局，以期与水资源供水系统相协调，这样在同等水资源量的条件下水资源在各部门的分配是不断调整变化的，这种不断调整在某种程度上也反映了水资源在各部门之间的效益转移与传递。在不同规划研究水平年，随着国民经济结构的调整，工农业各部门的用水量及其经济效益也相应地变化，若只计算农业灌溉供水经济效益，不能满足全面计算流（区）域水资源供水系统经济效益的目的，也往往导致不同水平年之间经济效益计算的不可比性，无法指导以水资源供求关系为基础的产业结构调整。

为使区域水资源不超过水资源极限承载能力，要不断调整区域经济结构(农业指种植结构)，以使区域宏观经济系统与地区水资源系统相协调发展，这样在不断调整经济结构的同时，地区水资源量在各部门之间也是不断调整变化的，所以水资源在各部门(工农业)之间的供水量也是不断变化的，从而水资源在各部门之间获得的效益也是不断调整变化的。

按照水资源可持续利用的基本原则——公平性、有效性和可持续性，区域水资源可持续利用的目标之一就是要求代际之间的人均效益不能递减，而要全面反映人均效益就要计算区域水资源产生的所有效益尤其是经济效益，只有这样也才能充分反映水量调度的经济效益。在极限水资源承载能力范围内和既定的规划研究水平年，水资源利用模式与社会经济格局相互影响机制的研究表明，若工业发展要求增加水资源，这样势必要减少农业灌溉用水量，单位农业灌溉水量效益减少就要求农业灌溉采取相应的节水措施，若不采取集约化农业，这样在灌溉经济效益保持不变的条件下，节水措施投入要减少农业灌溉的净效益，这也要求不但要计算灌溉经济效益，而且还要分析其他工业生活供水、水力发电、生态环境供水等经济效益。

3. 多水源联合补偿调节是经济效益计算的基础

在生产实际中，大多数灌区水源并非是单一的，一般除地面水库外，还有地下水源，除自流灌溉外，还有提水灌溉和井灌，这就使得整个灌溉系统的结构和各水源间以及各水源和作物间的关系更加复杂。一般讲，地面水库除直接供水灌溉外，还可利用余水补充地下水库，而地下水库一方面接受天然补给，另一方面也接受人工补给。在用水紧张季节则可协同地面水库共同向灌区供水，因其实现了地面水和地下水的相互补偿，使得水资源得到更加充分合理的利用。所以，在经济效益计算中要研究多水源的联合补偿调节问题。

4. 产品价值(价格)的计算是经济效益分析的前提

由于水和电的经济效益是与其单位产品价值(价格)相联系的，因此本次经济效益分析在很大程度上是与水价或电价相联系的，但此处水价或电价不仅仅局限在财务意义上，更侧重于体现在经济意义上，主要是指水（力）资源价值的合理价格，如影子价格、最优计划价格、机会成本等。

5. 各类经济效益的计算是密切相关的

经济效益分析既要做到能单独计算优化调配方案，同时又要研究将经济效益作为优化调(度)配(水)模型(嵌入这两个模型)的目标，虽然供水经济效益是按不同的供水目标来分析的，但水量调配又是一个完整的调节体系。因此，各类经济效益的计算方法存在着相互交叉。

6. 经济效益计算方法要具有较为广泛的适应性

经济效益的分析牵涉范围较广，尤其受社会经济环境的影响较大，不可能以一种方法包含全部情况的效益计算，不同的边界条件可能成为效益分析方法选择的决定性因素，为此针对每种经济效益的分析不应仅局限于某种具体的方法。在广泛学习有关文献、参考国内外当前该领域研究成果的基础上，针对供水的目标，就解决该问题的可能方法进行探讨分析，以求使所提出的方法具有灵活性和实用性。

3.1.2　灌溉经济效益计算

3.1.2.1　灌溉经济效益计算基本方法

目前水利经济评价规范及有关研究课题通常采用的灌溉经济效益计算基本方法有以下几种。

1. 影子水价法

该方法是按灌溉供水量乘该地区影子水价计算，适用于已进行灌溉水资源影子价格研究并取得合理成果的地区。该方法的局限性在于影子水价测算需要大量资料，且影响影子水价因素众多，尤其要在面上大范围推广和系统应用更加困难，甚至在一些情况下就不可能实现。

2. 缺水损失法

该方法是按缺水使农业减产造成的经济损失计算，即按有、无灌溉供水系统条件下，农作物减产系数的差值乘以灌溉面积及单位面积正常产值计算灌溉效益。在计算不同代表年型的灌溉经济效益时，减产系数要按各年降雨、水资源状况分别予以测定，而这恰恰又是最为困难的基础性工作。

3. 分摊系数法

该方法是按有、无灌溉供水系统对比灌溉和农业技术措施可获得的总增产值乘以灌溉效益分摊系数计算，本法适用于有、无灌溉供水系统对比农业技术措施明显提高的情况。

4. 扣除农业生产费用法

旱作农业的农业技术措施与灌溉农业的农业技术措施有很大不同，在农业生产上的投资也有很大差别，一般采用扣除农业措施增加费用法来计算灌溉效益，即从农业增产总值中扣除通过调查统计发展灌溉以后而采取相应的农业技术措施所增加的生产费用，余下部分即可作为灌溉措施提供的增产经济效益。考虑水资源配置的特点，水资源调配的灌溉经济效益计算采用扣除农业生产费用法较为合理。在合理确定灌溉效益分摊系数的基础上，还可以采用分摊系数法。

为计算灌溉净效益，还需从计算的灌溉效益中扣除灌溉费用。灌溉费用有它特定的含义，与一般水利经济计算中的灌溉年费用既有联系又有区别。从水资源配置角度出发，首先保证供给现有灌区配套工程完善的保灌面积灌溉用水，并充分挖潜配套扩大灌溉面积；再有多余水量就可发展新灌区，但它需要新的较大水利投入。由于现状灌溉水平不同，达到设计水平时所需新的水利投入不同，为此要根据不同情况分别计算灌溉费用的依据，也符合水资源合理配置的要求。

为此，对于灌溉费用(单位灌溉面积)的计算，根据是否需修建配套工程或新建灌溉工程，按三种情况分别考虑：①现状已建灌溉工程及配套工程齐全的农业耕地面积；②现状已有灌溉工程但没有配套工程的耕地面积；③现状既无灌溉工程又无配套工程的耕地面积。在第一类耕地面积上，不需要新的水利基建投入，灌溉费用为运行管理费(包括燃料动力费)；在第二类耕地面积上，需修建配套工程，灌溉费用包括运行管理费和新建每亩配套工程的投资折算年费用；在第三类耕地面积上，需新建灌溉主体工程和配套工程，灌溉费用包括运行管理费、新建每亩灌溉工程投资折算及每亩配套工程的投资折算费用。由于灌溉费用不同，三类灌溉面积上的每亩灌溉净效益也不同。第一类面积每亩灌溉费用最小，灌溉净效益最大；第三类灌溉面积灌溉费用最大，净效益最小。

为反映不同供水季节的农业灌溉经济效益，农业灌溉经济效益计算中需要引入不同降水条件下的变动灌溉定额、农作物全生育期水分生产函数和杰森(Jensen)模型，使灌溉效益的计算方法更加合理，同时，充分反映降水与径流在时间和地区分布上的随机性。

3.1.2.2　灌溉经济效益计算线性规划模型

1. 引入线性规划

考虑目前水资源配置与调度的特点，这里引入国内学者研究提出的主要应用线性规划模型研究求解含有调节水库的灌溉水量优化配置问题方法。

具有一定规模的大型灌区通常由几个子灌区组成，每个子灌区种植不同作物，如小麦、玉米、水稻、棉花等。各种作物都有各自不同的灌水方案(如 5 次水、4 次水、3 次水、2 次水、1 次水方案等），这样，根据试验或统计资料分析，可以建立不同灌水方案相应的增产效益函数（灌溉生产函数）。一种作物某种灌水方案的含义是指在该作物的全生育期内的不同生长阶段相应于该灌水方案所要求的每次灌水都得到满足。灌溉经济效益计算的任务是在对可能供给的灌溉水量在满足约束条件的前提下，在不同作物间及同种作物不同灌水方案间进行合理分配，使灌区总产值(产量)或净效益最大，在实际分析计算时通常有以下两种情况：

(1)以保持完整的不同灌水方案为基础，将灌水量在不同作物间及同种作物不同灌水方案间进行优化分配，此时的决策变量是不同作物、不同灌水方案的灌溉面积，相应的生产效益函数由不同灌水方案、不同时段灌溉水量相应的亩产量的关系来反映。为满足这一要求，某一灌水方案的灌溉面积应以该灌水方案各次灌水中所分配的灌溉水量的最小值来确定，同一灌水方案其他时段的灌溉面积和这个灌溉面积相同。当其他时段可供灌溉的水量较丰时，就有多余水量被其他灌水方案利用或被弃掉。

(2)以每种作物每次灌水的灌溉面积作为决策变量，将各时段的来水量在不同作物间进行分配。这样，每一种作物在不同时段的灌溉面积就可能互不相同，也就是说，每种作物在生育期内不能保证相应于某一固定灌水方案的相同灌溉面积，但各时段的来水量将被分配掉而水资源得到充分利用。在计算某一作物的灌溉增产效益时，应具有不同作物不同时段不同灌水次数、不同灌水量及其组合的生产效益函数，然而，这一点在具体生产实践中是很难实现的。

为了妥善处理以上两种情况，并使灌溉水资源得到充分利用，分为两个层次用两个不同的线性规划模型解决灌溉水量的优化分配问题，这样，既充分利用了灌溉水资源不使水量被无益弃掉，又可以利用原有的作物生产函数计算其灌溉增产经济效益。

2. 线性规划模型 I

线性规划模型 I：保持完整的不同灌水方案，进行第一层次灌溉水量在不同作物间及同种作物不同灌水方案间的优化分配。即以各种作物不同灌水方案的灌溉面积作为决策变量，并采用完整灌水方案相应的生产函数。

1)决策变量和目标函数

以不同子灌区内不同作物不同灌水方案的灌溉面积作为决策变量，用 x_{nk}^{i} 表示。此处，n 表示子灌区的序数(n=1、2、…、N)；k 表示第 k 种作物，如 k=1、2、…、K，K 表示作物的种类数；i 表示不同灌水方案，如 i=1、2、3、4、5 分别表示 5 水、4 水、3 水、2 水和 1 水方案。

选用灌区灌溉净效益最大为优化的目标，采用扣除农业生产费用法计算灌溉经济效益，其具体表达式为：

$$Z_1 = \max \sum_{n=1}^{N} \sum_{k=1}^{K_n} \sum_{i=1}^{M_{nk}} \left[\left(y_{nk}^i \cdot P_{nk} - C_{nk}^i \right) x_{nk}^i \right] \tag{3-1}$$

式中　N——子灌区数，且 n=1、2、…、N；

K_n——第 n 子灌区的作物种类数，且 n=1、2、…、K_n；

M_{nk}——第 n 子灌区第 k 种作物的灌水方案数；

y_{nk}^i——第 n 子灌区第 k 种作物第 i 灌水方案的亩增产效益系数；

P_{nk}——第 n 子灌区第 k 种作物的影子价格;

C_{nk}^i——第 n 子灌区第 k 种作物第 i 灌水方案的亩增加农业生产费用系数;

x_{nk}^i——第 n 子灌区第 k 种作物第 i 灌水方案的灌溉面积。

2)约束条件

约束条件主要包括灌溉面积约束、灌溉水量平衡约束、渠道输水能力约束、政策性约束、综合利用要求和特殊情况约束等。

3. 线性规划模型 Ⅱ

线性规划模型 Ⅱ:以不同作物每次灌水的灌溉面积作为决策变量,将第一层次分配后有多余水量的时段进行余水量的二次分配。计算灌溉增产经济效益时仍采用原有不同灌水方案的生产效益函数,这样有一定的近似性,但误差较小。

1)目标函数

模型 Ⅱ 是在模型 Ⅰ 的基础上,对有多余水量时段,且在模型 Ⅰ 运行后尚有部分面积没有灌到的时段进行二次优化分配。

选择各种作物每次灌水的灌溉面积 x_{nk}^j(表示第 n 子灌区第 k 种作物第 j 次灌水的灌溉面积)作为决策变量。

目标函数与模型 Ⅰ 的目标函数形式相同,即灌区的灌溉净效益最大,其表达式为:

$$Z_2 = \max \sum_{n=1}^{N} \sum_{k=1}^{K_n} \sum_{j=1}^{J_{nk}} \left[\left(y_{nk}^j \cdot P_{nk} - C_{nk}^j \right) x_{nk}^j \right] \tag{3-2}$$

式中　j——灌水的次数(第 1 次、第 2 次、…、第 J_{nk} 次);

其他符号意义同前。

2)约束条件

模型 Ⅱ 的约束条件应考虑模型 Ⅰ 优化分配后的情况。约束条件主要有灌溉面积约束、时段水量约束、节点水量平衡约束、输水能力约束、其他约束等。

3.1.2.3　灌溉系统经济效益计算的非线性规划模型

1. 问题描述

在生产实际中,大多数灌区并非是单一水源,一般除地面水源外,还有地下水源;除自流灌溉外,还有提水灌溉和井灌,这就使得整个灌溉系统的结构和各水源间以及各水源和作物间的关系更加复杂。一般来讲,地面水除直接供水灌溉外,还可利用余水补充地下水库,而地下水库一方面接受天然补给,另一方面也接受人工补给。在用水紧张季节则可协同地表水库共同向灌区供水,因其实现了地面水和地下水的相互补偿,使得水资源得以更加充分合理的利用。所以,研究这类水源构成的灌溉系统的经济运行问题更有意义。

2. 灌溉系统经济效益计算的非线性规划模型

由于在生产实际中,上述问题的目标或约束要用非线性函数来表达,如在灌溉系统经济运行中,作物需水量与产量间呈非线性关系,费用和水量间亦呈非线性关系等。这就不可避免地采用非线性规划模型。

1)决策变量

根据灌溉系统的概化网络图及上述假定,选定模型的决策变量及待求的未知量如下:

(1)灌区内各种作物的灌溉面积。设灌区内共有 K 种作物，则用 $A_k(k=1、2、\cdots、K)$ 表示第 k 种作物的灌溉面积。

(2)灌区内各种水源各时段供灌溉的水量，表示符号见后面模型部分。

(3)各种作物的年产量，用 $Y_k=(k=1、2、\cdots、K)$ 表示。

2)目标函数

选用全灌区的年灌溉净效益最大作为目标，这里以灌溉效益分摊系数法写出目标函数的具体表达式如下：

$$Z = \max \sum_{k=1}^{K} \varepsilon \gamma_k (Y_k - Y_{k,0}) A_k P_k - \sum_{n=1}^{N} C^n \tag{3-3}$$

$$\gamma_k = 1 + \Delta Y_k' P_k' / (\Delta Y_k P_k) \tag{3-4}$$

式中　ε——灌溉效益分摊系数，根据不同来水及灌区的具体情况确定；

γ_k——考虑副产品后，第 k 种作物的收入折算系数；

ΔY_k、$\Delta Y_k'$——第 k 种作物主、副产品的增产量；

P_k、P_k'——第 k 种作物主、副产品的影子价格；

Y_k——第 k 种作物灌溉后的亩产量；

$Y_{k,0}$——第 k 种作物不灌溉时的亩产量；

A_k——第 k 种作物灌溉面积；

K、N——灌区作物及水源的种类数；

C^n——第 n 水源的灌溉年费用，是各水源灌溉水量的函数(其中有非线性函数)。

3)约束条件

约束条件主要有灌溉面积约束、渠道输水能力约束、地下水开采量约束、机井抽水能力约束、人工回灌水量约束、政策约束、非负约束等。

4)模型求解方法——线性逼近法

对非线性规划模型，可采用线性逼近方法，将其逐步转化为线性规划问题，再采用单纯形法求最优解，由此进一步得到灌溉系统的经济效益及其运行方案。

3.1.3　工业生活供水经济效益计算

3.1.3.1　工业生活供水效益常用计算方法

目前在工程实践中常用的工业生活供水效益计算方法有下列几种。

1. 农业缺水损失法

此法是在城市供水严重不足时，通过压缩农业用水以满足工业用水需要，因此仅可作为临时性的应急措施。另外，长期大量占用农业用水不但会造成农业生产损失，而且将带来一系列社会问题，同时这部分损失也很难用经济数值来表示。而用调用农业供水使农作物产量减少所遭受的经济损失来间接衡量供水工程的效益，从理论上讲，该法属于广义替代措施的范畴。在我国北方缺水地区，由于水资源短缺或供水工程建设未能适应经济建设的需要而经常出现供需不平衡的情况。此时根据择优供水的原则，许多地区采用挤占农业用水的办法来尽可能地满足工业用水的需要。

农业缺水损失，可根据缺水量和农作物的灌溉定额推求影响面积，以缺水造成的农业减产值扣除相应减少的农业生产成本计算。该法将工业占用农业用水而使农业遭受的经济损失作为工业供水效益。一般是通过对历年农业产量统计资料进行分析后，得出失去灌溉单方水农业减产的损失，以此作为工业供水经济效益值。按有、无灌溉项目条件下，农作物减产系数差值乘以灌溉面积及单位面积正常产值计算灌溉经济效益。如果需求出计算期内逐年的灌溉经济效益，则减产系数 d_1 和 d_2(有、无灌溉情况)应按各年降雨、水资源状况，分别预以测定。有灌溉项目条件下，灌溉得到保证的年份农作物不缺水，减产系数 d_2 应等于 0。即使计入除农业净损失外的其他相关损失值，成果还是诸法中的偏低值。

2. **工业缺水损失法**

该法把由于工业供水不足造成部分工厂停、减产的净损失值作为新建供水工程的供水效益，概念清楚，也符合经济理论，但该法实际应用中操作性不强，需要大量基本资料，例如需要收集不同供水保证率的缺水量及相应工厂不同产品停、减产量和时间等资料，但目前缺乏此类统计资料。

该方法是按缺水使工矿企业停产、减产等造成的经济损失计算。采用本法时，应进行水资源优化分配，按缺水造成的最小损失计算。一般可按挤占农业用水或限制一些耗水量大、效益低的工矿企业用水造成的多年平均损失计算。工业缺水损失，可根据缺水情况，按工矿企业停、减产造成的减产值扣除未耗用的原材料、能源等费用计算，如果停产时间较长，还应计入设备闲置的费用。运用此法一般是根据调查，将典型年因缺水造成的工业损失折合为单方水的工业损失，以此作为工业供水效益。

在缺水地区当商品水的供需平衡遭到破坏，特别是工业生产部门遭受巨大的经济损失时，节水就是最可能采取的替代对策，当采取这类替代对策仍不足以全部解决缺水问题时，人们被迫限制那些国民经济中边际损失较小的部门的供水量，对水资源短缺地区，一般来说，就是部分地限制农业部门的供水量，并按此原则制定随时可以实行的应急计划，即按边际损失由小到大的顺序依次限制供水的应急计划。

3. **最优等效替代法**

采用此法的关键在于确定设计工程的最优等效替代方案，常用的有其他供水工程、海水淡化、高氟水除氟等方案。该法把最优等效替代方案的年费用或总费用作为拟建方案的年效益或总效益。该方法符合经济学理论，并且考虑了物化劳动和活劳动的作用，避免了价格与价值不相符合的不合理现象。此法在具有可备选方案的基础上方法简便、概念清楚、易于接受，该法计算的效益为相对效益而不是实际效益。但是，往往找不到合适等效措施，因此在应用上受到限制。

有兴建最优等效替代工程条件或可实施节水措施，替代该项目向城镇供水的，可按最优等效替代工程或节水措施所需的年费用计算。本法所指节水措施是指节水工程或技术措施，如提高水的重复利用率、污水净化、减少输水损失及改进生产工艺、降低用水定额等。本法适用于水资源短缺、供需矛盾比较突出的地区。采用本法时，应注意所选方案是否最优等效替代方案。只有与拟建项目具有相同的效果，并且一旦拟建项目不能实现时，肯定将被采纳的替代方案，才是最优等效替代方案。要注意拟建项目与最优等效替代方案计算口径对应一致。

　　4.　分摊系数法

　　按有该项目时工矿企业等增产值乘以供水效益的分摊系数近似估算。本法适用于方案优选后的供水项目。本法以供水项目费用占供水范围内整个工矿企业生产费用的比例，作为供水效益分摊系数，分摊有该供水项目后工矿企业的增产值。本法存在供水项目投资越大供水效益越大的不合理现象，在进行供水方案比选时不宜采用。人们之所以提出以分摊系数法估算工业供水项目的经济效益，主要是因为在规划设计实践中，难以估算商品水的边际理论价格或影子价格的缘故。

　　另外，与该方法类似的还有相同投资效益法。该方法的效益只与工程的投资相联系，而与工程供水能力和工厂产品无关，因此不适于方案比较时采用。否则将会产生诸如同一产品的不同工厂和不同供水能力的不同供水工程，只要投资大效益就大的不合理现象。因此，此方法仅适用于选定方案后供水工程与其他工程之间的经济效益对比。

　　5.　影子水价法

　　它是根据资源优化配置的原规划存在最优解时，其对偶规划也存在最优解这一数学原理，通过建立各种资源相互联系的优化配置线性规划及其对偶规划模型，来推求各种资源的影子价格。这种方法在理论上是比较严密的，但在应用上却十分困难。

　　以上论及的几种计算方法都有相应的使用条件和局限，因此在计算资料等条件许可情况下，一般应尽量多采用几种方法，以便相互分析比较，从而选用其中比较合理的成果。同时，针对目前城市供水经济效益计算方法中存在的一些问题，也有必要探索研究工业及生活供水经济效益计算方法。

3.1.3.2　运用经济学计算工业供水经济效益

　　众所周知，水资源是国民经济可持续发展的重要资源基础，也是重要的生产要素。但是，目前水资源与国民经济发展关系的研究几乎偏于定性研究，不能定量说明水资源对国民经济和社会发展的贡献，无法为科学决策提供准确的依据。这里按照西方经济学的生产函数的概念，将水纳入生产函数作为因子，建立工业用水的数量经济模型，然后根据工业行业的用水统计，建立工业行业考虑水资源的生产函数，由此估计工业用水的边际效益。

　　工业供水经济效益的计算方法及步骤如下：

　　(1)根据工业经济和用水的数据以及所述的模型结构，建立工业行业产值与资金、劳动力和水的双对数多元线性关系式的参数和模型拟合精度的参数。

　　(2)求得模型拟合的多元回归系数，进行显著性检验，判断模型的拟合精度。

　　(3)求得水、资金、劳动力的产值弹性系数。

　　(4)建立工业行业考虑水投入的行业生产函数。

3.1.4　生态环境供水经济效益计算

3.1.4.1　概述

　　生态环境需水包括河道内生态环境需水、河口湿地生态环境需水等。河道断流除造成工农业减产、停产等直接影响外，对生态环境的影响主要表现为以下几个方面：水环境质量下降；影响生物多样性与生态平衡；河道萎缩；土地沙化；草场退化；危害人体健康等。

生态环境供水经济价值往往具有相对性，它是随着条件特别是随着需求主体的变化而变化的。如在丰水年份，其他用水部门均得到用水保证时，此时水资源不表现为稀缺性，按照机会成本概念，生态环境供水经济效益很小甚至可以认为是零，但在枯水年份下游河段各用水部门之间存在争水矛盾，这时生态环境供水经济效益就体现出来了，生态环境用水多少将决定其他部门水量使用及其他部门的效益损失，其他部门效益(损失)也可以认为是生态环境供水经济效益的间接反映。

针对生态环境供水经济效益特点，其计算方法主要从两个方面研究与探讨。

1. 直接法——缺水损失法

该方法是按缺水使生态环境部门造成的损失计算，本法适用于现有供水工程系统不能满足生态环境用水需要而导致缺水的情况，采用本法时，应进行水资源优化配置，按缺水造成的最小损失计算。在缺水损失扣除未耗用的原材料、能源等费用后，即为生态环境供水经济效益。

2. 间接法——机会成本法

该方法是将保证生态环境的供水量用于其他部门时所产生的最大经济效益(最大边际效益)作为生态环境供水经济效益，或者分析假若现状供应生态环境的供水量由其他供水水源或措施来保证时，所需要最小投资费用(最小边际费用)，将边际效益与边际费用比较，根据不同情况分析确定生态环境供水机会成本，也即是生态环境供水经济效益。

3.1.4.2 缺水损失法——基于损失分析的生态环境供水经济效益

1. 生态环境经济价值评估基本方法

用货币价值表示生态环境影响大小程度比较困难，需要根据情况采用不同方法。评估生态环境价值的方法很多，归纳起来主要有四类，即市场价值法、替代市场法、费用评价法和调查评估法。

1) 市场价值法

这类方法是对生态环境质量变化可以观察、度量和直接运用货币价格表示的一类测算方法，也是直接效益和费用的分析方法。属于这类的具体评估方法有市场价值或生产率法、人力资本或收入损失法、机会成本法等。

2) 替代市场法

人类开发利用自然资源的经济活动使生态环境质量发生变化，这种变化不一定会导致产品和劳动产出量发生变化，却可能影响商品其他代用品和劳务市场价格和数量的变化。在这种情况下，可借助市场信息间接地估计生态环境质量变化的损益值，这类方法也称为间接市场法。这类评价方法有资产价值法、工资差额法、旅行费用法等。

3) 费用评价法

在许多情况下，往往无法对生态环境质量变化的自然意义和经济意义作出评价。这时可借助环境保护费用分析，从而进行环境价值的评估。这类方法有防护费用法、恢复费用法、影子工程法等。

4)调查评价法

在缺乏市场价格数据时，为了求得生态环境资源效益或需求信息，可向有关专家或环境资源使用者进行调查，以获得环境资源价值或环保措施的效益。这类方法有专家评估法（如德尔菲法）、投标博弈法等。

在估算环境质量货币价值的各种方法中，应尽可能地采用市场价值法，其次是费用评价法和替代市场法，只有在上述几类方法无法应用时，才采用调查评价法。

2. 缺水损失法——缺水的环境经济损失评估法

根据水资源配置和生态环境供水的特点，生态环境供水经济价值估算就是进行缺水的经济损失计算，即工业经济损失、农业经济损失、泥沙淤积的经济损失、水资源污染经济损失、影响生物多样性经济损失等。

3. 生态环境供水经济效益计算

在缺水造成的生态环境损失或缺水损失计算基础上，扣除成本、原材料、能源等费用后即为生态环境供水经济效益。

3.1.4.3 运用机会成本法计算生态环境供水经济效益

1. 概述

采用缺水的环境经济损失评估方法，虽然可以直接计算生态环境供水经济效益，但是该方法往往由于各方面因素限制，进行系统统计分析计算较麻烦，实际应用可操作性较差且往往不可能。因此，提出了采取间接方法分析河流生态环境供水经济价值的要求。从目前来看，生态环境供水量的经济价值采用影子水价法相对来说比较容易实现，而且可操作性较强。

当具有多种用途的有限水资源在工业、农业、生态环境等用水户之间存在相互挤占条件时，采用机会成本的概念可以使得分析生态环境供水经济价值成为可能，为此本次也考虑采用机会成本法分析生态环境供水经济效益。事实上，河流可供生态环境的水资源是满足生态环境兴利目标的主要投入物，生态环境引用就需要社会为此而放弃原有的效益或增加其他资源的消耗是有价值的。

2. 影子价格概念

由于水资源优化配置的线性规划有对偶规划的存在，一旦实现了水资源最优化配置，各种资源的最优价格也就如影随形产生了，为此称为影子价格。影子价格是指当社会处于某种状态时，能更好地反映水资源价值、反映市场供求状况、反映水资源稀缺程度的价格，它可使水资源配置向优化方向发展。

在完善的市场经济条件下，市场价格取决于供求状态，在供求均衡时价格才趋于稳定。此时，需求者愿为再多购买单位货物所支付的价格——边际产品价格，恰好等于供给者多生产单位货物的生产成本——边际生产成本。此种均衡状态下的市场价格即是线性规划所求解的影子价格。由此看来，排除市场价格不合理因素后而采用的计算价格，已不同于线性规划所描述的影子价格，从这个含义出发，机会成本、市场价格等具有影子价格的作用，可列为影子价格范畴。

3. 影子价格的基本计算方法

影子价格基本计算方法大致可分为两类，即总体均衡分析法和局部均衡分析法。

1)理论求解法——总体均衡分析法

该法是根据水资源优化配置的原规划存在最优解时，其对偶规划也存在最优解这一数学原理，通过建立各种资源相互联系的优化配置线性规划及其对偶规划模型来推求各种资源的影子价格。或者说，从优化资源配置这一点出发，由于对偶规划的存在一旦实现了资源的优化配置，那么各种资源的最优计划价格即影子价格也就产生了。反之，如果利用该方法所确定的各种资源的影子价格去指导一个国家的生产，其资源的优化配置也将自然实现。这种方法在理论上是比较严密的，但应用起来却十分困难。如果要用线性规划方法建立国民经济最优计划模型或者求解最优计划价格，就要涉及各种资源、几百种以及更大数量级的消耗关系，这样无论是从目前的计划水平还是技术水平来看，都是很难办到的。所以，这一方法尽管有理论上的意义，但在现阶段的经济分析，特别是项目评价中很难得到应用。

2)项目评价法——局部均衡分析法

局部均衡分析是将力学中的均衡原理运用于价值论，将供求论、边际效益论、边际成本论等融合在一起形成的价格理论。其基本方法是个别地考察分析某一产品或某一资源的价值，即不把它与其他产品或其他资源联系起来。每种产品或资源的影子价格，在不同的供需均衡环境下计算方法和数值不尽相同，而且往往相差很大。因此，局部均衡分析所采用的测算方法需要根据分析对象的特点和所处的供需环境来确定，通常采用用户支付意愿法和机会成本法两个途径。

用户支付意愿，是指用户愿意为产品或劳动服务支付的价格。非垄断市场自由买卖的货物是用户愿意支付的价格，一般能反映货物的边际效益即货物的价值。因此，对于垄断少、自由买卖的货物，其影子价格可直接通过用户愿意支付价格计算。

机会成本法属影子价格测算中的局部均衡分析方法。机会成本又称广义的影子价格，是指具有多种用途的有限资源，当各用户之间存在相互挤占（局部均衡），甲项用途改为乙项用途时，甲项用途所放弃的效益，就是乙项用途使用的机会成本。水资源具有的区域性和随机性的特点，使得水资源机会成本常因经济环境、使用目的和被挤占对象的不同而有不同的算法和结果。因此，当运用机会成本分析水资源影子价格时，首先确定经济环境、目的和被挤占的用水户。对于被挤占用水户放弃的效益较易合理确定者，可直接采用被挤占用水户放弃的边际效益(损失)计算；或者以新项目增加水资源的供给量，以新增水资源的边际费用作为机会成本；或者边际效益与边际费用经综合分析后确定机会成本。

4. 河流可供水资源影子价格测算方法

河流可供水资源，是指河道内可供河道外引用水量，它在一个水文周期内既是可再生资源，又是有限资源。对一条河流来讲，可供水资源影子价格(即价值)，在河流未开发之前的自然情况下是潜在的，可视为 0；而在开发之后，影子价格就会通过开发利用工程而表现出来，即潜在价值转化成为实际价值。例如，在河流干流上修建了具有调节能力的梯级水电站后，当在该梯级水电站上游增加河道外引水时，就必然导致该梯级电站的发电量、出力减少，有的还可能会影响该梯级电站下游向河道外供水。这些影响需要一些行业和另外一些地区放弃一些效益或投入资金(社会消耗)修建替代设施进行补救，社会为此付出的这些代价，便是河流可供水资源的影子价格。

由上可知，河流各河段(断面)可供水资源的影子价格，与可供的水资源量、梯级工程布局、调节水库的调节能力、供水地区、供水范围、供水规模等因素有关。对一条河流来讲，不同的梯级工程布局、调节水库的功能和不同的供水地区、供水范围、供水规模，就会有不同的均衡状况和不同的影子价格，并且差别很大。开发利用程度愈高，供水范围愈大，其值也会愈大。

1)河流可供水资源影子价格测算意义

过去无论是干流梯级开发方案的论证、流域水资源分配，还是单个水利工程项目的经济评价中，在投入方面往往只计算了工程建设费用，而没有考虑"水资源"这一投入物价值、成本。这样，对于水资源利用程度较高的河流来讲，将会影响水资源分配的经济合理性。

对不同规划水平年、不同工程布局、不同供水规模情景下，研究河道内各河段可供水资源影子价格的意义在于：从宏观上引导河道内水资源开发利用向着优化配置方向发展；为在建或拟建供水工程经济评价提供"水"这一投入物影子价格；为确定各河段引水口的水价和制定供水补贴政策提供依据；促进节约用水、经济用水措施的实施。

2)河流可供水资源影子价格的测算途径

在工程布局、供水范围、供水规模一定时，各河段河道内可供水量和用水也随之确定，这时供需之间和各用水部门之间就处于相对稳定状态，在此均衡状态下，若增加某一部门或某河段的用水则必然减少另一部门或另外河段的用水，水在该供水系统内就是一种具有多种用途的有限资源，其影子价格宜用机会成本衡量。

河道内水资源影子价格，不仅与相关地区的经济状况、水资源稀缺程度及工程布局有关，还与河段(断面)的位置有直接的关系。不同河段的水资源有着不同的开发利用机会，而开发利用机会的不同，必将导致各河段水资源机会成本的差异，为了反映这种差异，使影子价格的测算结果更符合实际，就需要对河流分段。

运用前面分析的基本概念，测算方法考虑以下两种情况。

a. 河流供水范围内的总需水量小于河道内可供水量的情况

该种情况下，当某河段增加供水时只需增加调节能力(库容)，不存在上、中、下游之间的争引水矛盾。增供水量机会成本只是给河道内用水各部门造成经济损失，主要是梯级电站的发电损失，梯级电站减少发电损失的价值，可用电力的"边际效益(产出)"或替代电站的"边际费用(投入)"两种方法计算。

b. 河流供水范围内的总需水量大于河道内可供水量的情况

该种情况下，增加某一河段的引水量，除给河道内用水各部门造成损失(主要是梯级电站减小发电能力)外，还将减少其他河段的引水即不同河段之间存在争引水的矛盾。这种状态下，增供水量的机会成本，包括梯级电站发电损失和挤占其他引水所造成的损失两部分。其中，梯级电站发电损失这部分的影子价格计算，仍如前述。至于挤占其他河段河道外引水所造成的损失这部分的影子价格，同样有两种不同的算法，即按照用水的边际效益或用补偿替代水源的边际费用来计算。对河道外引水日益增加的需求来讲，在相当长的时间内，可通过跨流域调水来满足，即可把调水作为河流供水范围扩大所需的水源，对这部分的影子价格采用调水工程的边际费用计算，或者通过节水费用来分析测算。

5. 河流可供生态环境水资源机会成本测算

在机会成本基本概念分析与认识基础上考虑了两种测算机会成本的途径：作为生态环境供水的影子价格应按其分别作为生态环境供水的投入物、河流供水系统的产出物进行测算。河流可供水量作为生态环境供水的投入物影子价格，测算目的是正确估算生态环境用水的投资费用，而生态环境供水作为河流供水系统产出物影子价格，测算目的是正确估计供水系统供水生态环境部门的国民经济效益。

采用上述两种方法测算可供生态环境水资源机会成本具体操作过程如下：

(1)首先，分别进行满足、不满足生态环境用水要求两种方案的水资源优化配置；然后，找到挤占生态环境用水最可能的用水部门，并计算其经济效益，或者分析满足、不满足两种方案的经济效益差值作为生态环境的经济效益。这里计算生态环境供水经济效益是将生态环境供水量作为河流水量配置供水系统的产出物，其测算目的是正确估价生态环境供水的国民经济效益。

从目前河流供水兴利部门的优先顺序与重要性分析来看，挤占生态环境用水的最可能部门是农业灌溉部门、工业生活部门等。

(2)在生态环境水量用在其他部门或需要由其他水源供水满足生态环境用水情况下，优化分析找到满足生态环境用水量的费用最小的替代水源方案，分析其投资费用并将其等值折算为年费用值。这里是将河流可供水量作为生态环境用水兴利的投入物测算其机会成本，这样可以正确估算生态环境用水的投资费用，或者优化分析找到生态环境供水的最佳水源。

为了满足生态环境供水，替代水源可能有投资建设节水系统、区际或跨流域调水工程等。

(3)一般来说，上面计算的两项数值可以看做影子价格的上、下限。若补充水源投资年折算费用大于生态环境水量用于其他部门所取得的经济效益，则机会成本应选择其他替代水源的投资费用。若补充水源投资折算年费用数值小于生态环境水量用于其他部门所取得的经济效益，则机会成本应选择按照机会兴利部门获得的经济效益。

(4)若上述边际经济效益或边际投资费用中某一项数值难以计算，可以简化处理，直接采用可计算的数值作为生态环境供水的机会成本。

3.1.5　水资源利用经济效益计算的可持续发展水价制定方法

上述是按照供水对象来分析研究其供水经济效益的计算，这里研究水资源要素的开发利用经济效益计算方法——可持续发展水价制定方法。

3.1.5.1　可持续发展水价含义

水资源可持续开发利用是指水资源与其赋存和利用坏境的协调发展。自然界是一个巨大的复杂系统，系统内的各个子系统相互作用、相互影响，水资源系统作为其中的一个重要的子系统，承担着物质和能量传输的重要任务，为社会经济发展提供资源支持基础。水资源的开发利用必然影响水系统的内在规律，并进而影响其他相关系统。因此，水资源可持续开发利用必须强调其赋存与其利用环境的协调。

对于水资源本身是可再生的，但这不能说明水资源是可以持续开发利用的，其再生需要一定的环境条件且也存在不同的周期，特别是某些水资源的再生周期是漫长的，水资源利用是有一定限度的。水资源的可持续开发利用必须保证水资源可再生所需要的环境条件，使人类的开发利用率低于水资源的可再生率。可持续发展的水价将运用经济手段对这些影响水资源可持续开发利用的活动采取相应的经济措施。

可持续发展水价必须保证水资源开发利用部门的可持续发展和用户的水资源可持续利用。可持续发展水价，不仅应能支付生产水资源商品的全部成本，包括不变成本和可变成本或水资源监测、勘探、规划、设计、建设、维护、运营等过程中的成本，同时还应使水资源开发利用部门在生产过程中产生足够的利润，发展和壮大其部门规模，以更好地促进水资源事业的发展和为国民经济发展服务。

对用户来讲，可持续发展水价应给用户提供足够的反映水资源稀缺和生产成本以及水资源可持续开发利用的价格信号，使用户提高水资源意识，认识到水资源尽管是一种公益商品，人人都有权利享用清洁水，但水资源是有限的，且其形成是有条件的，水资源的供给是有成本的，同时，为了子孙后代，我们应保护水资源。另外，可持续发展的水价能应用经济规律对水资源需求进行调节。

3.1.5.2　可持续发展水价制定

1. 边际机会成本

边际机会成本定价方法是目前国际上流行的自然资源定价方法。机会成本，是指在其他条件相同时，把一定的资源用于某种用途时所放弃的用于其他用途时所能获得的最大收益。用机会成本来确定自然资源价格，包括三方面的含义：机会成本意味着将相应的利润计入成本中；由于自然资源(特别是质量和开采条件都比较好的自然资源)具有实物意义上的稀缺性，某一经济当事人使用了某一资源，其他经济当事人就丧失了利用同一资源获取净效益的机会，现在使用了某一资源就意味着可能丧失了今后利用同一资源获取相应净收益的机会，机会成本定价也意味着将放弃的机会可能带来的最大相应净收益计入成本中；自然资源的开发利用可能使社会和他人受到损失(如环境污染造成的损失)，机会成本定价还意味着将这些损失(包括得到补偿和得不到补偿的损失)计入成本中。就自然资源而论，其机会成本不仅随着产量的变化而变化，而且随着自然资源稀缺程度的变化而变化，随着时间的推移，自然资源的单位机会成本通常是逐步增加的。因此，自然资源的价格不是由其平均机会成本，而是由其边际机会成本来决定的。边际机会成本一般由三部分组成：边际生产成本、边际使用者成本、边际外部成本(边际社会成本或边际环境成本)。自然资源的边际机会成本从理论上反映了利用某一单位某一种自然资源时全社会(包括生产者)所付出的全部代价。

边际生产成本包括勘探成本、再生产成本、管理成本等，同时包括了相应的利润。边际使用者成本是指某种方式利用一单位某一稀缺自然资源时所放弃的以其他方式利用同一种自然资源可能获取的最大净收益。边际使用者成本是根据使用自然资源的机会成本确定的。使用者成本存在两个前提：自然资源必须具有物质意义上的稀缺性；对自然资源的使用必须存在着多种选择或多种机会。边际外部成本，是利用一单位某一稀缺自然资源时给他人造成的没有得到相应补偿的损失。在水资源开发利用中，一般这是针对于水质。如果水资源的开发利用不造成水资源质量的下降或其他社会、环境问题，不存在边际外部成本。但若污染了水体，则存在边际外部成本。目前对可持续发展的水资源开发利用，这一部分显得尤为重要，因为目前实施的各种水价制定方法中没有考虑或只部分包括了水资源开发利用的边际外部成本。

2. 全成本定价

全成本定价是与边际机会成本定价相似的概念和方法，它是从另一个角度来说明可持续发展的水价制定方法。全成本定价将能通过把全部外部成本(包括资源消耗和环境污染成本)内部化，并转嫁给资源消耗和污染商品的生产者和消费者，弥补个人成本和社会成本之间的差距。同样，全成本定价将计算所有的资源耗竭稀缺性成本和环境恶化的全部损失。全成本定价可用下式表示：

$$P = MPC + MUC + MEC \tag{3-5}$$

式中 P——价格；

MPC——边际生产成本；

MUC——边际使用者成本；

MEC——边际环境成本。

3.1.6 水力发电经济效益计算

跨流域调水引起调出区河流水资源量的减少和调入区河流水资源量的增加，从而会产生相应的水力发电经济损失与经济效益。

3.1.6.1 水力发电经济效益计算的基本方法

水力发电经济效益应按照该发电项目向电网或用户提供容量和电量所获得的效益计算，通常采用的计算方法有以下三种。

1. 最优等效替代法

该方法是按照最优等效替代设施所需的年费用(年折算投资和年运行费之和)计算，应用时需注意分析计算本发电项目和最优等效替代方案投入物的影子价格，并用影子价格计算替代方案的费用，该方法是设计单位常用的方法。该方法计算的是水力发电工程的毛效益，若计算净效益，尚需扣除水电站费用(包括水电站投资、运行费和机电设备更新费)。

在电源类型比较少的情况下，水电站替代方案应是具有调峰、调频能力，并可担任电力系统事故备用容量的火力发电站。一般认为，为了满足设计水平年电力系统负荷要求，如果不修建某水电站，则必须修建其替代电站，两者必具其一。换句话说，如果修建某水电站，则可不修建其替代电站，所节省替代电站影子费用(包括投资、运行费)，可以认为就是修建水电站国民经济效益。由于火电站的厂用电较多，为了向电力系统供应同等的电力和电量，替代电站的发电出力和年发电量要大于所研究的水电站。因此，根据设计水电站的装机容量和年发电量，即可换算出替代电站的装机容量和年发电量及其所需的造价、固定年运行费和燃料费，进而可求出替代电站的年费用，这就是水电站的国民经济效益。

计算水力发电经济效益要注意以下几点：①为选择经济合理、技术适当且具有代表性和现实性的替代电源方案，在进行水电站经济净效益分析时，需从电力系统整体出发，进行电力系统电源优化扩展规划。在进行有、无水电站系统电源优化扩展规划方案比较时，不仅要对两方案进行电力电量平衡，同时要进行调峰能力平衡，要全面反映各类不同电源的技术经济特性，如调峰能力、燃料消耗特性、调节性能等。②有调节能力水电站除具有调峰效益外，尚有旋转备用、快速跟踪负荷等动态效益。设计方案效益为替代方案的费用，包括替代方案所含电源的投资、运行费用(含燃料费)等。替代方案的费用需通过电力系统电源优化规划得出。③替代方案运行费用包括固定运行费用和可变运行费用。其中固定运行费用包括固定修理费、工资福利及劳保统筹和住房基金等；可变运行费包括材料费、其他费用、水费和燃料费等。④在计算替代方案燃料消耗时，应结合电力系统电源结构，根据不同类型机组燃料消耗特性曲线(含启停燃料消耗)，采用等微增率法或生产模拟法进行系统燃料消耗平衡或模拟计算，在此基础上计算替代方案燃料费用。

2. 影子电价法

该方法是按发电项目提供的有效电量乘影子电价计算，本法的关键是合理确定影子电价。各电网的影子电价应由主管部门根据长远电力发展规划统一进行预测，并定期公布。缺乏资料时，可采用成本分解法和机会成本法综合集成的方法，计算该项目与最优等效替代方案在计算期内电量的平均边际成本，作为该项目的影子电价；也可按电力规划部门对该项目所在电网制定的中长期电力发展规划，确定规划期内电网将兴建的全部电源点、输电设施及增加的电量，计算规划期内电量的平均边际成本，作为该项目的影子电价。

电力影子价格是根据电网发展及运行规划，采用长期边际成本定价方法，按负荷类型及不同的用电时间来合理分摊系统新增发供电成本的原则测定的。使用电力影子价格时，应先了解建设项目所属电网，再根据项目的用电特点、用电资料的详尽程度以及电力消耗在项目总投入中的比重，选择相应类别的一种电力影子价格，具体分为三种情况：①当项目的用电资料足够详尽、电力消耗在项目投入中所占比重较大时，应采用各电网分时、分电压等级的电力影子价格；②当建设项目用电在项目总投入中所占比重不大或项目评价时用电资料较为粗略，不必或不能按复杂的两部制电力影子价格计算时，可采用各电网分电压等级的平均电力影子价格或全网平均电力影子价格；③当计算项目投入物分解成本时，可采用平均电力影子价格。

用此法计算水电站的国民经济效益比较直接，容易理解，但困难在于如何确定不同类电量(峰荷电量、基荷电量、季节性电量等)影子电价。在有关部门尚未制定出作为产出物的各种影子电价之前，可参照国家计委颁布的《建设项目经济评价方法与参数》中的有关规定，结合电力系统和水电站的具体情况分析确定影子电价。

3. 两部制电力影子价格法

它是以可避免容量费用和可避免电量费用测算容量和电量价格的方法：首先，进行有、无设计的水电站两种情况并以同等满足用电要求为前提的电源优化组合规划，确定设计(有设计电站)方案和替代(无设计电站)方案的电源结构；然后，对两方案分别进行电力电量平衡和费用计算(包括容量费用计算和电量费用计算)；最后，在前述分析和计算的基础上，计算容量费用和电量费用，容量费用主要由固定费用和投资收益组成，电量费用主要由变动费用和燃料费用组成。

容量费用为替代火电站的投资折算年值与固定运行费之和，电量费用以减少的火电站煤耗费用计算。在计算设计方案的容量费用和电量费用时，应考虑水电站和替代方案所含电源在检修、厂用电及强迫停运等运行特性上的差异。

分析上面三种方法的共同特点均强调采用经济学的影子电价定价方法，因此本次方法研究也针对这方面进行研究。下面首先介绍以经济效益最大为目标的水电站优化调度准则，然后介绍电能价值当量分析法和长期边际成本法计算水力发电经济效益。

3.1.6.2　考虑供电质量的水力发电经济效益分析计算

1. 概述

传统方法在水电站规划或水电站水库优化调度中，一般是采用发电量的大小作为衡量水电站效益的一个主要目标，但是一度保证电量与一度季节性电能的作用和价值是不同的，相差可达数倍，而且介于保证电量与季节性电能之间的那部分由中等（平均）流量发的电量（称它为"中水电量"）的价值，亦不同于保证电量和季节性电能的价值；还有，传统的方法没有考虑水电站在特别枯水年份出力降低对电力系统造成的损失，所以用发电量大小来衡量水电站效益是不全面、不准确的。采用按分区计算电价，并计入特别枯水年因水电站出力降低对电力系统造成的损失，根据这两者之和的大小作为衡量水电站调度方案经济优劣的指标，即按国民经济效益最大准则进行选优，则可克服上述缺点。

2. 按供电质量计算电价

将水电站的年发电量分为 3 个区域电价进行计算。一是发电保证率为 100%(或设计保证率)以下部分，称保证电量 $E_保$区，按保证电价 $v_保$计算；二是由重复容量提供季节性电量 $E_季$区，按季节性电价 $v_季$计算，或按某个保证率(例如 30% ~ 40%)以内的那部分电量，称丰水电量 $E_丰$区，按丰水电价 $v_丰$计算；三是介于上述保证电量与季节性电量之间区域叫中水电量 $E_中$区，按中水电价 $v_中$计算。

水电站发电量的价值，原则上可认为同发电的可靠性(即保证率)成正比。例如若保证率为 100%的保证电量电价为 1.0，则保证率为 40%电价为 0.4。分区计算时，各区电价的数值，可根据各区的平均保证率和各系统与水电站的具体情况分析确定，也可按连续变化的电价计算。

3. 破坏损失的计算

在特别枯水年份，当水电站出力降低一定程度时，电力系统一部分事故备用容量可以用来补充这个出力的不足额。因为特别枯水年份通常相当于 10 年或 20 年左右遇到 1 次，并且当遇到特别枯水年份需要降低出力的时间经常不是全年，而只是该年供水后期的一两个月或若干月，在这时需要动用电力系统全部事故备用容量的几率是很小的，系统内一般有一部分事故备用可用来补充水电站出力的不足。

在特别枯水年份当水电站出力降低超过一定范围后，电力系统的事故备用容量已不能完全弥补水电站出力的不足，这时就需要限制供电，从而导致国民经济和人民生活的损失，限电造成的损失，将随枯水的严重程度及相应出力降低程度的加剧而增大。天然来水枯到刚刚需要限电时，由于这时可以先限制电力系统中一些不重要的负荷，它所造成的单位电量损失较轻。天然来水愈枯，出力降低愈大，限电范围愈广，除需要限制不重要用电户外，还需要限制较重要的用电户，因而限电造成的单位电量损失就愈大。总体而言，限电造成的单位电量损失随电量增加和限电范围扩大而呈非线性增加。

4. 水力发电经济效益计算

根据分区电价及限电损失，可求得水电站某调度方案的国民经济效益为：

$$B = (E_保 v_保 + E_中 v_中 + E_季 v_季) - (\Delta E_1 u_1 + \Delta E_2 u_2 + \Delta E_3 u_3) \tag{3-6}$$

式中　　ΔE_1、ΔE_2、ΔE_3——不重要、较重要、重要用户限制用电数量；

　　　　u_1、u_2、u_3——不重要、较重要、重要用户的限电后度电损失。

3.1.6.3　基于经济学方法的水力发电经济效益计算

1. 经济学的机会成本方法

不同于会计学模式，经济学定价模式：①首先着眼于电力资源的充分利用。区别于会计学模式，经济学的电价取决于经济学成本(新老电力资源的影子成本)加上效益。②它是利用一个以电力资源最有效利用为目标的系统优化模型严格计算的，因此模型化是它的一大特点，至少在原理设计阶段最大限度地排除了人为的影响，因而加强了它的科学性。③在计算效益时采用了边际成本原理，也就是应用增量成本方法代替平均成本方法，因而它是向前看的，也就是在现有供求条件下，向前增加一个单位用电量，所需生产成本的增量作为计算其效益的依据并计入电价，因此电价中包含了引导供求动态平衡的信息。④经济学的定价方法将导致电能价值当量研究，它很自然地导出分时电价结构，并大大地扩展了它的应用领域。可见，经济学定价模式比较适合于电力企业这类公用事业的定价。

本次采用机会成本法分析水电经济效益，但水电资源具有的区域性和随机性特点，使得其机会成本常因经济环境、使用目的和被替代对象的不同而有不同的结果，且水电站与其他电源的电力电量的相互替代、相互关联关系，使得水电机会成本的计算牵涉复杂项目群优化选择问题。复杂项目群最主要特征是项目之间在技术上和经济上存在着复杂的相关关系，其表现形式及产生相关性的原因是多种多样的，例如，水电项目与火电项目之间在满足电力系统电力电量要求上具有关联性，在电力项目选择时无法独立确定水电项目的投入量尤其是其产出量；不同电源的产品——发电量具有互补性或替代性，从而使得各项目电力电量的市场需求量之间具有相关性；调峰水电(抽水蓄能)与其他类型火电站在满足电力系统电力需求上具有匹配性要求，从而造成项目选择的依存性；电力系统经济运行的要求，使得各类电源之间具有经济上的相互补偿要求。对于具有复杂相关关系的电力项目方案群，由于生产状态和市场状态的连续性，实际上会有无穷多个方案组合，使互斥方案组合法无法使用。因此，需要寻找有效的优化技术对电力项目群进行评价与选择，本次根据电力项目群的技术经济特点和决策需要，将有待研究的问题构造为电源优化扩展模型体系，目的是选择已建水电站在不同运行期间在电力系统中不同工作位置的边际机会成本，为其经济效益计算提供影子价格分析基础。针对已投入电网运行水电站的特点，要根据来水预报实时调度计算水电站发电量。为了尽可能地实现在建水电站对火电站的燃料消耗的替代与节约，本次采用动态规划进行水电站经济运行的实时预报调度，对计算得到的不同时段水电站电力(容量)、电量按照计算的边际机会成本计算其经济效益。

2. 水电边际替代工程选择的大系统分解协调模型

电力系统优化扩展规划属项目群优化选择问题,但其与一般的项目群选择不同,它除受资金、资源等方面的约束外,还需要研究电源项目(包括规划待建电源项目和现有电源项目)生产运行状态的优化问题。这样的水、火电力系统的优化调度问题具有维数高、关联复杂、非线性和随机性等特点,若运用一个整体模型来解决这类问题会使模型庞大而复杂,求解极其困难。因此,采用大系统分解协调原理,将问题分解为若干子系统,采用多级递阶控制结构优化技术,分别求解主模型和子模型,往复协调,达到总体最优。

本次建立的模型研究目标是:在同等程度满足预测的电力市场需求条件下,于诸多可能电源中优选出电力系统总费用现值最小的电源组合方案。由于本次是研究水电站或影响水电站的经济效益,需要分析若无该水电站(主要指其受到影响的容量或电量)时的最优边际替代方案,因此需要研究有、无分析的水电站情景下电力系统的电源配置差别(包括容量、电量的差别),选择要研究的水电站的最优等效替代方案,为计算其边际容量成本、边际电量成本进而计算经济效益建立经济学基础。

1)电源优化扩展规划模型结构

根据电力系统的特点,电源规划中必须考虑以下几个问题:①系统整体性,水电站、火电站及其他电源的规划应置于电力系统统一考虑,在规划中综合考虑各种投资及其运行费用以使整个电力系统达到最优;②水电梯级间补偿效益,由于电源优化是一个复杂的项目群决策问题,它通常涉及投资决策与运营决策两个相互关联的部分,新水电站的投入所引起的水电站群保证出力和发电量的增加,电源规划中的梯级水电站必须考虑梯级间的补偿效益;③考虑系统运行特点,电力系统的实际运行状况将直接影响到电源规划的结果,尤其对电力系统的总费用影响比较大,在电源规划中必须考虑电力系统优化运行。

基本思路是先确定水电站投产顺序,再相应确定火电站群的排序,然后通过大系统分解协调技术实现水电站、火电站最优排序。为此,电源扩展规划将采用递阶控制数学模型。模型系统由主模型和若干子模型构成。主模型为分解协调模型,其功能是解决水电站、火电站及其他电源的排序问题;优化水电站最优开发次序和时间。目标函数为电力系统规划期总折现费用最小。子模型由三个平行的具有不同功能的计算模型和一个生产模拟模型构成,即为以下 4 种模型:

(1)水电站联合补偿调节子模型。其功能是在水电站投产时间确定的情况下,计算水电站群电能指标。目标函数为水电站群发电效益最大。

(2)电力电量及调峰容量平衡子模型。其功能是在水电站电能指标一定的情况下,首先对水电站进行近似负荷分配,确定其工作容量、备用容量和空闲容量,并根据电力系统负荷、需电量、调峰容量要求,确定火电站装机容量、发电量和承担的调峰容量。

(3)火电站排序动态规划子模型。其功能为优化各火电电源投产时间并反馈于主模型,目标函数为火电站费用最小。

(4)火电站生产模拟模型。模拟电力系统运行,进行各电站负荷分配,计算各火电站的燃料消耗量及系统总燃料费用。其目标函数是系统燃料费用最小。

电源优化模型逻辑流程如图 3-1 所示。

上述电源优化扩展规划模型主要特点为：采用递阶控制分析模型，将问题分解为若干子系统，采用多级递阶系统优化技术，分别求解主模型和各子模型，往复协调，达到总体最优；主模型以坐标轮换法控制整体优化，大幅度降低了计算规模；能解决复杂非线性问题。

2)数学模型

在建立数学模型过程中，做出以下假定：规划期内，负荷需求是已知的或者是可以预测的；在整个规划期内，认为每个电站均在各时段初投入，其投资均在时段初完成；各电站的规模、各项技术经济指标及输变电费用为已知。

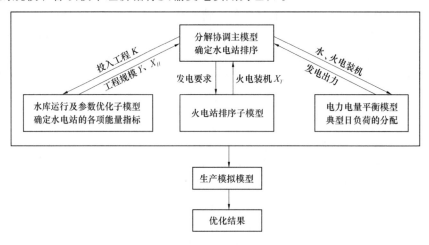

图 3-1　电源优化模型逻辑流程

a. 主模型——水电站排序的分解协调模型

建立分解协调主模型解决水、火电排序问题，主模型的目标函数为：

$$C_s = \min(C_h + C_t) \tag{3-7}$$

式中　C_s——系统的总费用现值；

C_h——所有水电站的总费用现值(包括投资、运行费)；

C_t——所有火(核)电站总费用现值(投资、运行费、燃料费)，由火电站排序子模型求得。

分解协调主模型求解思路为：初步确定水电站投产时间，在水电站效益、投资及运行费用确定的情况下，将主模型中的电力系统总费用现值最小目标函数转化为火电站费用现值最小；优化火电站投产时间，使火电站费用最小；进行生产模拟计算，计算整个规划期内水电站和火电站投资、运行费和燃料费等；逐步优化水电站投产时间。重复以上三步骤，使系统容量扩展总费用最小。

b. 子模型Ⅰ——水电站群联合补偿调节模型

对于有水力、电力联系的水电站群，任何一个水电站的投入，都将改变电源结构和电力系统的运行方式，对其他水电站电能指标产生影响。因此，对于每一个水电站投入方案来说，需要建立水电站联合补偿模型，水电站联合补偿的目的，就是利用各水电站的不同特点，使水电站群总保证出力最大，年发电量尽可能多，表示为目标函数：

$$F = \max\{N_P\} \tag{3-8}$$

式中　N_P——水电站群保证出力。

根据出力分配最优时的等微增率(或边际相等)原则来对目标函数求解，则各时刻最有利的供水蓄水分配条件为：$k_1=k_2=\cdots=k_i=\cdots=k_n$。在实际计算中，各电站要同时达到某一 k 值是很难或不可能的，在尽可能接近条件下，k 值小的先供水，k 值大的先蓄水。

c. 子模型Ⅱ——电力电量及调峰容量平衡子模型

电力电量平衡模型由典型日负荷平衡模型、年电力电量平衡模型和调峰容量平衡模型组成。典型日负荷平衡的目的是根据各水电站各月的预想出力、平均出力和强迫出力，确定各水电站在系统日负荷图上的工作位置，并校核水电站容量利用情况。

d. 子模型Ⅲ——火电站排序的动态规划模型

目标函数：

设规划期为 N 年，以年为时段，在已预测电力系统负荷的基础上，以系统容量扩展规划折现费用最小为目标函数，即

$$C = \min\left[\sum_{i=1}^{N} C_i \left(1+r_0\right)^{-(i-1)}\right] \tag{3-9}$$

式中　C_i——系统第 i 阶段所有电站投资、运行费、燃料费之和；

　　　　r_0——社会折现率。

阶段变量：

将规划期划分为 N 计算时段，每时段作为动态规划模型的一个阶段。以年序 i 为阶段变量，$i=1$，2，$\cdots$，N。

状态变量：

以阶段 i 以前系统原有的和到 i 阶段为止所有新投入电站的集合，作为阶段 i 的状态变量，记为 S_i，则

$$S_i = \{s_0,\ s_1,\ s_2,\cdots,\ s_k,\cdots,\ s_m\} \tag{3-10}$$

这里 m 为系统中已有电站及规划拟建电站个数；s_k 为本阶段各电站机组投产状态，其取值范围为 $0\sim n_k$，当没有机组投产时 $s_k=0$，全部投产时 $s_k=n_k$，n_k 为 k 电站的装机台数。

决策变量：

以 i 阶段新投入电厂的机组台数的集合作为本阶段决策变量，记为 D_i，则

$$D_i = \{d_0,\ d_1,\ d_2,\cdots,\ d_k,\cdots,\ d_m\} \tag{3-11}$$

式中：d_k 代表 i 阶段新投入电厂机组数目。$d_k=0$ 时代表 k 电厂 i 时段无新机组投入；$d_i>0$ 代表 k 电厂有机组投入。d_k 取值范围为 $0 \leq d_k \leq K_{mn}$，K_{mn} 为 k 电厂每年允许最大装机台数。

状态转移方程：

就每一阶段而言，本阶段末状态与该阶段初始状态和决策变量有关。状态转移方程记为：

$$S_i = S_{i-1} + D_i \quad (i=1,2,\cdots,m) \tag{3-12}$$

阶段费用：

阶段费用就是本阶段对目标函数的贡献，其大小与该阶段的状态和所采取的决策变量有关。其阶段费用的具体表达式为：

$$r_i = r_i\left[C_{i-1},\ D_i\right] = K_1\left(Z_{Ti}+Z_{Vi}\right) + K_1 K_2\left(\alpha_{Ti}C_{Ti}+\alpha_{Vi}C_{Vi}+Z_{Tr}+Z_{Vr}\right) \tag{3-13}$$

式中　Z_{Ti}、Z_{Vi}——火电站、核电机组投资折算到机组投产年初的数值；

　　　　C_{Ti}、C_{Vi}——火电站、核电站机组总投资；

　　　　α_{Ti}、α_{Vi}——火电站、核电站机组固定运行费率；

　　　　Z_{Tr}、Z_{Vr}——火电站、核电站机组燃料费；

　　　　K_1——将折算到机组投产年初的各项费用再折算到规划期初的折算系数；

　　　　K_2——固定运行费、燃料费折算到机组投产年初折算系数。

费用递推公式：

考虑到规划期不同方案电站组合状态的差异，为便于考虑资金时间价值和水、火电等的不同经济使用年限，计算中采用系统容量扩展总折现费用最小为准则。为使动态规划求解顺序与工程实际开发进程相一致，采用前向递推解法，递推方程如下：

$$\begin{cases} F_i^*(j) = \min\left[r\left(C_{i-1}^k,\ D_j\right) + F_{i-1}^*(k) \right] & (k \in k^*) \\ F_0(k) = 0 & (k \in m) \end{cases} \tag{3-14}$$

式中　　i——阶段变量，i=1，2，…，N；

　　　　j——状态水平编号，表示第 i 阶段第 j 个可行电源投入方案；

　　　　$r\left(C_{i-1}^k,\ D_j\right)$——从 i–1 时段的 k 状态转移到第 i 阶段 j 状态所对应的决策 D_j 的总费用；

　　　　$F_{i-1}^*(k)$——第 i–1 时段各状态的最小费用；

　　　　$F_i^*(j)$——对应于第 j 个可行电源投入方案所对应的最小费用；

　　　　k^*——状态数，即为待选电站数目。

e. 子模型Ⅳ——电力系统生产模拟模型

电力电量平衡模型确定了火电站各时段工作容量、年发电量。根据年内火电组成，安排火电机组年内各时段检修容量，确定各机组可利用容量。考虑系统旋转备用，按优化原则分配各类型火电开机容量，然后采用电力系统日负荷经济分配方法进行火电生产模拟，最后求得电力系统年内燃料费用。在计算中采用了近似微增率相等原理，对各类火电机组各小时承担的出力进行分配。在出力分配基础上，根据各类火电机组煤耗曲线计算出其煤耗量，并根据该电站到厂煤价计算火电机组时段总燃料费，累计各时段燃料费即知系统年总燃料费。

3)模型求解方法

电源规划模型包括电源投资决策与生产优化两个统一的问题，但要用数学规划的方法直接同时求解是有困难的，因为这样不仅使决策变量维数太高，而且带来了随机性问题。因此，通过分解协调法解决水、火电站排序问题，并采用坐标轮换法，求解方法与步骤如下：

(1)初步确定水电站机组的投产顺序。

根据初步确定的水电站投产顺序，采用水电站群联合补偿计算模块，求出各水电站的保证出力、发电量等能量指标，以便合理计算水电站经济指标，并将主模型总费用现值最小转化为火电费用最小。

(2)火电机组排序及费用计算。

采用电力电量和调峰容量平衡模块计算水电站、火电站承担的工作容量、备用容量，然后进行火电机组的优化排序计算。此处目标函数 $B(i)$ 应包括水电站费用和火电站费用。

(3)求水电站 j 的最佳投产年份。

在投产初值的基础上，每个水电站的最佳投产年份是逐个确定的，即假定其他水电站投产年份不变的情况下，通过寻优确定。设第 j 水电站在第 $i-1$ 次迭代中求出的投产年为 t_j^{i-1}。在第 i 次迭代时，t_1^i、t_2^i、…、t_{j-1}^i 及 t_{j+1}^{i-1}、…、t_{Ngh}^{i-1} 都作为已知。在这个条件下，从 t_{j-1}^i 出发，把水电站 j 的投产年份向前、向后探测，直到找出使目标函数最小投产年份。依次类推确定其他水电投产年份。当对所有水电站 $j(j=1，2，…，Ngh)$ 的投产年份都按上述算法修正以后，就完成了第 i 次迭代。由于在第 i 次迭代中的任何一个水电站 j 投产年份的修正都可能对其他编号小于 j 的水电站投产年份产生影响，所以只要在第 i 次迭代中有一个水电站的投产年份发生了变化，就需要进行第 $i+1$ 次迭代，直至任何一个水电站的投产年份都不发生改变，即得出所有的电源优化排序的结果。即目标函数满足下式：

$$ABS\left[B(i)-B(i-1)\right]\leqslant \varepsilon \quad (\varepsilon 为精度要求) \tag{3-15}$$

3. 水电经济效益的边际成本

边际成本计算主要是在模型优选确定的不同工作位置边际电源工程基础上，分析计算电力系统不同工作位置电力、电量经济价值，本次分别计算边际容量成本和边际电量成本。

边际电量成本就是电力系统为了满足用户微增电量而增加的电厂运行成本，对火电站为主电力系统来说，主要是电厂燃料成本，当然还包括其他变动运行费，但其所占比例很小，可不考虑。

边际容量成本是在一定条件下为满足电能消费者需求而产生的发电投资。边际发电容量成本是根据边际电厂投资等值折算为年费用而得到的，同时要考虑电厂运行维护费用以及电站建设期每年不同的投资现金流。此外，还要考虑燃煤节约费用和机组厂用电及可用率。

3.1.7　基于经济效益的调水量优化配置单目标决策模型

3.1.7.1　大系统分解协调优化模型及其求解方法

流（区）域水资源优化配置问题所要考虑的约束条件很多，与用水要求也是多元化的，若直接建立数学模型，所包含的变量和约束条件数量很大，流（区）域水资源优化配置问题规模相当庞大，用传统的优化方法求解是相当困难的。若对流（区）域水资源优化分配问题的模型结构进行分析，不难看出它们具有特殊的结构形式。首先，区域约束块由所有区域约束条件组成，各区域约束之间是拟独立的。其次，一些模块中各约束条件所涉及的变量最多只与相邻区域有关。对于这种具有这种特殊结构的优化问题，建立递阶分解模型，采用分解协调技术求解是一种较为有效的方法。

跨省和跨流域的水资源大系统，由于供水水源包括地表水、地下水、污水回用及海水等多种水源，在研究运行调度方案时，除考虑通常的供水量指标和保证率外，还要考虑与地下水超采和污水回用及有关的生态环境目标。由于系统跨省，还要考虑各行政区间的利益冲突与协调这一政策性目标。另外，供水系统除城市供水外，还涉及灌溉、发电、改善水质等用途，它是一个多目标、多用途的复杂水资源大系统。对于这样复杂的系统，试图用单一的数学模型来描述并用某一最优化技术求解是相当困难的。这种以供水为主的水资源系统可采用递阶模型，该模型在对供、需水模型进行协调时，采用使净效益极大化为目标函数。在目标函数中要反映灌溉、供水、水力发电等货币价值量体现的目标函数。

水库调度的任务是根据来水、用水预报，确定未来一定时期(调度预留期和面临时段)的水库控制运用方式，其目的在于通过水库的调蓄作用，最大限度地协调水资源的供需矛盾。

在对流域水资源系统划分的基础上，可分别建立适应于各子区特点的子系统模型。在区域引水量确定的条件下，可寻求合理分配本区域内各部门用水，以获得子系统最大经济效益。在子系统模型中，除可利用的径流量约束外，其他所有约束仅依赖于本区的自然地理和社会经济情况，而与其他区域无关。对于各子区域暂时配置的水资源供水量，它是否为最合理的方案呢？应该从全区域的观点进行检验和调整。对各子区域重新配置水资源，可以有多种计算方案，但其基本原则是将水资源从经济效益低的区域转移一部分到经济效益高的区域。

综上所述，可以建立区域水资源递阶分解模型。N 个区域模型，组成第一级模型。然后按照所采用的协调算法，构造总体协调优化模型，即第二级模型，以各节点上通过的水量作为关联变量，整个系统优化分两级进行：从第一级开始，首先给第一级模型供水量赋初值，据此各子模型单独进行优化，然后利用区域优化结果，求得经济效益指标值后，反馈到第二级进行总体协调优化，求得各子模型供水量的当前最优指标值再返回到第一级，由第一级各子模型重新优化，如此反复交替迭代，逐步逼近整体最优解。

边际指标协调算法的两级模型是这样来构造的：第一级模型即是简化的区域优化配水模型，它由 N 个子模型组成；第二级模型为总体协调模型，它是利用各区域反馈的优化结果进行总体协调，以便得到整个区域系统的优化解。第二级模型构造如下：

(1)目标函数。

$$\max BB = \sum_{i=1}^{N} B_i \cdot W_i \tag{3-16}$$

式中　W_i——i 区域年供水量，为第二级模型决策变量的一部分；

　　　B_i——i 区域单位水量的经济效益。

(2)约束条件。

流（区）域水资源优化配置模型中各种约束主要有以下几项：水量平衡约束、水库水量平衡约束、节点水量上下限约束、河道内水量上下限约束、区域供水量上下限约束、政策约束、非负约束等。

(3)边际指标协调求解法。

在微观经济学中经常以边际分析来决定均衡状态衡量经济决策效果。在工农业生产中，供水作为一种投入必然获得经济效益。效益 B 常随供水量 W_i 的增加而增加，但往往不是呈直线的关系。把 $\Delta B/\Delta W$ 称为边际效益，即在某一供水水平条件下，再追加 1 个单位供水量引起效益的变化量。在许多情况下，边际效益常随自变量 W_i 的增加而呈减少的趋势。

如何在基础层几个子区有效配置水量，使得第 i 子系统的总的经济效益最大，对于这种有限资源分配问题，除可用上述非线性规划直接求解外，还可用边际指标协调算法，即通过迭代使得对各子区供水的边际效益值相等来求解对各子区的最优供水量，此即是边际效益相等原则，也是经济效益最大的判别式。

用拉格朗日乘子法求解，可推出：

$$\frac{dBB}{dW_1} = \frac{dBB}{dW_2} = \cdots = \frac{dBB}{dW_N} = \lambda \tag{3-17}$$

依据上述基本原理，边际指标协调法的求解过程为：首先，对各子区按它们的供水下限供水；接着，计算并比较各子区在该供水水平下的边际效益值；然后，按照"最大增优"原则对多余水量进行分配，即对边际效益最大的子区增供一定水量 ΔW，并在新的供水量条件下计算和比较边际效益值，再进行分配；最后，通过这样的迭代分配过程，直至各子区供水边际效益相等，或者某些子区域达到供水上限不能再调整水量时即达到了第 i 子系统对各子区的最优水量配置。

3.1.7.2　水资源宏观规划方案实施的水库微观实时调度优化

水库实时调度是将上面的宏观合理配置方案落实于水资源管理实践中的必要手段，这里引入有关研究文献对其介绍。水库调度是一个典型的多时段序贯决策过程，决策的依据主要是不同时段的电力电量（水量）供给与电力电量（水量）需求信息，决策目标包括两个：一是当前时段的蓄水效益最大，二是余留期期望效益最大。实时调度包括两大过程：一是事前决策过程，即以制定的电力资源配置方案为总控，利用未来不同时间尺度预测信息进行不同尺度下的调度预案制定，包括年尺度、月尺度、日尺度、小时尺度和调度单元尺度的预案制定；二是事后修正过程，即在完成一个时段（包括实时调度单元、小时、日、月、年等）的实时调度后，依据上一时段已发生的信息对已发生的调度决策进行检验，得到因信息预测误差所造成的实际与期望间的调度偏差，作为下一时段实时调度预案的修正值，以防止调度信息预测误差累积现象的发生。

水资源调度的关键技术主要包括：①中长期来水预报技术，包括年、月尺度的来水预报，目前中长期水文预报方法有物理成因分析和数理统计两大类，这两种方法在精度上都存在一定缺陷；②短期来水预报技术，目前短期水文预报主要利用气象预报信息结合水文模型的方法进行，因此水文模型的精度是关键；③实时供水预测技术，主要是指多水源联合调配技术，包括水库群的联合调节技术和地表水地下水联合调配技术等；④短期需水预报技术，包括生活需水、工业需水、农业需水和生态需水四部分技术，其中工业和生活实时需水，主要依据中长期需水预测结合需水的季节变化进行分配，而农业需水主要与种植结构、作物实时需水特征和土壤墒情密切相关，其中土壤墒情预报技术是其中的关键；⑤水资源实时调度规则，主要包括需水满足优先次序、水资源供水的次序和各种水资源的运用规则三方面内容。

1. 水电站水库实时调度的含义

水库调度是一个多阶段序贯决策过程，调度效益是通过长期控制和短期实施配合实现的，所以水库调度应充分利用长期预报和短期预报信息，并将二者有机结合起来。针对跨流域或流域内水量实时调度研究，尚需应用不断更新的连续的径流预报信息，随时做出实施运行实际调度过程，这种决策方法即为"前向卷动"或称"向前滑动"调度决策方法。

前向卷动决策方法可以简要地描述如下：在水量调度中，根据每一轮次预报的径流过程，利用动态规划模型求出该次预报下的系统运行策略，仅取整个策略中前面若干时段的决策 d_1 去实施，其余均舍掉；在实施面临几个时段决策的过程中，下一轮次的径流预报又已做出，于是根据新的预报信息及系统实际蓄水、出流状态，再次求解模型，又得到新预报下的系统运行策略，仍取该次面临的几个时段的决策去实施，余者舍去。如此不断利用更新的预报资料，求出相应的系统运行实施决策，便形成一个"预报—决策—实施"的不断向前卷动的递进过程，从而完成一个完整周期径流的实时调度。

在该方法中，称整个径流的总历时为"规划期"，称一轮"预报—决策—实施"循环中，径流预报的时段数为"有效预见期 T_y"，称一轮循环中实施决策的时段为决策时段 t_d。d 为实施决策，各决策 d_1、d_2、$\cdots$、d_{m-2}、d_{m-1} 组成实施策略。

2. 水电站水库实时调度的分类

水电站水库实时调度是对面临时段(刻)水电站水库工作的实际操作控制调度，是对运行调度计划的具体实施。在面临时段(刻)的实时调度中，应以所编制的运行调度计划为指导，按照当时来水、用电负荷及其他用水要求等实际情况，采用一定的方法和措施灵活操作，及时调整以后的运行调度策略并作出面临时段决策，尽可能实现水电站水库的最优运行调度。水电站水库实时调度方法一般有以下几种。

1)单纯按调度函数或调度图(表)的实时调度

按调度函数或调度图(表)的实时调度，实质上是依过去径流资料进行的一种统计预报调度。因为调度函数或调度图(表)是根据以往的径流资料及有关信息建立和编制的，综合反映了各种可能来水即有关信息情况下的调度规则。也就是说，这是一种基于径流及其他有关信息统计规律基础上的水库调度方法。

2)结合调度图(表)的实时预报调度

这种实时调度的实质是不仅要根据面临时段(刻)的水库蓄水，还要考虑未来一定时期预报径流值的大小进行实时调度。其一般步骤如下：首先，根据年初预报的面临年份的来水过程，按调度图(表)以时段(旬或月)末水位操作计算，编制出年初的水库预报调度线。一般可根据预报径流的期望值、预报偏小值及预报偏大值编制三条相应的年预报调度线。其次，在运行过程中，要根据长、中、短期预报相结合，长套中、中套短及不断修正的原则，对面临时段进行实时调度，并不断修正后期的水库预报调度线及发电和供水方式(计划)。

3)实时预报调度

实时预报调度是指主要根据面临时期初已知信息(如水库蓄水)和对该时期径流等预报信息进行的实时调度。而在水电站水库发电兴利实时调度中又常采用优化方法(如动态规划法),故又可称之为最优实时预报调度。其实质是:先根据面临时期初获得的预报来水过程等信息,按一定优化准则和优化方法,制定出整个时期水电站水库最优调度策略(方式);然后在每一面临时段实时调度中,按上面矩阵式所示的不断修正原则,根据每一面临时段和时期初的长、中、短期预报来水等信息,对原调度策略不断修正,并据之作出每一面临时段的最优调度决策(如水电站出力或引用流量)。如此,则可逐步实现水电站水库的现实最优(近似最优)调度。

3. 水库实时调度的步骤

水电站水库实时调度的一般步骤如下:

(1)根据按中长期(如季、年)来水预报模型所得的相应面临时期的预报来水过程和电力系统负荷要求、面临时期初水库蓄水,以水库兴利调度方案、年调度计划及相应调度规程和规则为控制,按中长期发电兴利最优预报调度模型制定出相应时期的最优调度策略(方式),做出面临短期(日)的最优决策(一般以日末水库蓄水等指标表示)。

(2)以上得出的面临短期最优决策(如日末水库蓄水)为控制约束,根据该短期(日)初水库蓄水及由面临短期(日)来水过程连续预报模型所得的预报来水过程及电力负荷等其他信息,按短期发电兴利最优预报调度模型制定出该短期的最优调度策略(方式),并据之求得该短期(日)面临有效预见期末的水库蓄水。

(3)以此有效预见期末的水库蓄水为控制约束,根据该期初水库蓄水和该期预报来水过程及电力负荷等其他信息,按最优实时预报调度模型编制出实时预报调度期的最优调度策略,并据之做出面临第一时段发电兴利最优实时调度决策(如水电站出力、引用流量等),再按厂内经济运行模型将之落实到各有关机组,通过机组实时控制系统予以实现。

3.2 基于经济效益的调水工程方案选择排序单目标决策模型

跨流域调水工程财务评价与国民经济评价之间存在的主要问题是,项目对不同利益相关者在经济上的影响程度存在差异,可结合经济费用效益与财务现金流量之间的差异找出受益或受损群体,研究分析并提出改进水资源配置效率及财务生存能力的政策建议。提出分别从项目和不同利益群体角度开展评价,建立基于经济效益的调水工程方案选择排序单目标决策模型,项目评价侧重效率性,不同利益群体评价着重参与性、公平性和可持续性等多元价值观。为体现多元价值观,提出采用公共定价、投资分摊、外部性处理和转移支付等多维协同调控,并构造了有八个目标函数的模型体系。

3.2.1 跨流域调水工程经济合理性评价模型体系引入

跨流域调水工程产出或服务具有公共品性和外部性。在成本与收益的识别与计量上,跨流域调水工程较之盈利性项目具有很多不同之处,盈利性项目投资以追求利润为基本目的,其成本与收益的识别是以利润减少或增加为原则,识别的基本方法是追踪项目的货币流动,凡是流入项目之内的货币就被视为收益,凡是流出项目的货币被视为成本。

跨流域调水工程投资的基本目标主要是追求社会公众利益，其收益与成本是指广泛的社会收益与社会成本，而且这些收益与成本又往往由于缺乏市场价格而难以用货币计量。因此，这类项目的成本与收益的识别与计量以及评价的方法与标准，较之盈利性项目减少了规范性、增加了复杂性与困难。

在跨流域调水工程评价中，人们通常最关心的是项目社会效益和社会费用的比较，费用效益分析(Cost-Benefit Analysis，简称 CBA)是一种被广泛使用的跨流域调水工程评价的定量分析方法，CBA 是为政府决策服务的，其前提假定是"政府理性"。到 20 世纪 70 年代初，CBA 已形成比较成熟的模式，为叙述方便，称其主流模式为传统 CBA。传统 CBA 以新古典经济学和福利经济学为理论基础，福利经济学认为存在客观的"社会福利"或"公共利益"，主张由专家发现人们在市场中的偏好，并构造一个社会福利函数来反映公共利益，这个社会福利函数不但应包含所有影响个人效用的因素，而且必须包含权衡每个社会成员利害冲突的价值判断。在福利经济学中，判断是否导致社会福利改进的标准最初是 Pareto 改进准则，由于 Pareto 准则约束性太强，几乎没有项目可以满足该准则。J. R. Kaldor 和 Nicholas Hicks 等又提出了潜在补偿准则，按该准则，当项目社会效益足以补偿该项目所造成社会损害时，即可认为导致了社会福利改进。传统 CBA 依据次优理论认为：如果垄断、规模经济、管制等因素使现行市场价格体系扭曲，项目评价不应再根据市场价格来进行，即用影子价格代替市场价格进行评价。作为传统 CBA 主流的影子价格方法主要是在北美和英国发展起来的，法国在工程评价中使用的方法与影子价格方法有明显的差异，法国使用的方法强调把项目放到现实的经济结构和社会结构中综合考虑其对不同社会主体的影响，这种方法在学术界被称为"影响方法"。

在 20 世纪 80 年代和 90 年代，跨流域调水工程评价方法在其理论基础和评价技术方面都发生了比较大的变化。现代产权理论和公共选择理论的出现，使传统 CBA 的理论基础 Pareto 改进准则和 Kaldor-Hicks 潜在补偿准则受到挑战，出现了全社会福利理论、非功利理论以及非基于偏好的理论等，并由此引出了公平分配准则、伦理权利准则以及一些其他道德价值准则。虽然 CBA 方法仍是跨流域调水工程评价方法的主流，但在分析思路、评价准则、评价方法和应用领域等方面有了新的进展，为了与传统 CBA 相区别，可称体现理论与方法研究新进展的 CBA 观点为"新 CBA"。新 CBA 的突出特点表现在，公共决策是从社会角度进行决策，社会是由具有不同偏好和利益的个人和群体所组成的，在这些人和群体之间不存在一致的偏好，也不存在专家们所构想的一致的社会福利函数。新 CBA 主张，公共决策应体现社会不同利益主体广泛参与的原则，决策的过程应该是各利益主体之间就冲突目标进行协商、谈判，最后达成各方"满意"的妥协。为适应这一决策过程的要求，对跨流域调水工程的评价应直接反映各个不同利益主体费用、效益的变化，而不是把这些费用、效益通过某些权重加总起来。跨流域调水工程的实施需要通过公共产品定价、投资分摊、货币性或技术性的外部效果、转移支付等导致收入和财富在人们之间的重新分配。新 CBA 表面上看是费用、效益的计算，实质上其中包含了对不同利益群体的考虑，体现了现代社会发展中多利益主体的效率性、参与性、公平性与可持续等多元价值观。由此看来，对跨流域调水工程的费用效益分析评价应从逻辑相关的项目整体和与项目有关的不同利益群体两个角度展开，项目整体评价主要侧重于效率，不同利益群体评价要体现多元价值观，尤其是要着重分析参与性、公平性和可持续性的多元价值观。

3.2.2　跨流域调水工程经济评价方法框架构建

3.2.2.1　跨流域调水工程实施过程中存在问题

　　跨流域调水工程是以提高社会福利为目标的，但在实际中一些跨流域调水工程还会对环境产生预期的或非预期的影响，甚至还有潜在性的累积影响，而决策中往往又没有充分考虑相应的避免、最小化、缓解和补偿、生态环境恢复的措施。某些跨流域调水工程虽然在一定时间内对社会发展产生了积极的效果，但从长期效果来看，却会带来如环境污染、生态破坏、不可再生资源大量消耗等消极影响。跨流域调水工程在为一些利益群体带来社会福利与利益的同时，也给其他利益群体带来伤害与损失，在现实中由于对这些处理的不恰当常常导致社会矛盾。跨流域调水工程可以促进区域的经济发展，使得目前对其决策主要是从经济角度来衡量，而目前人们对跨流域调水工程带来的对不同利益群体得失考虑较少，尤其是贫困而弱势的人群和后代对跨流域调水工程的社会和环境成本的承担份额可能太大，而他们却没有得到相应的经济利益，广义的成本和效益——经济的、环境的和社会的——在社会内部分配不公平的跨流域调水工程，尤其是对其社会和环境代价估计不足，在可能的知识背景和决策者的价值观体系内，人们认为相对于跨流域调水工程建设带来的收益来说，做出牺牲是值得的。因此，其审批决策往往只简单地根据正、负影响的评估而做出，缺乏充分的公平基础。对跨流域调水工程需要着重研究其效益分享与成本的分摊机制，那些非自愿承担跨流域调水工程成本的群体应得到相应份额的利益，尤其是那些承担风险最大的群体，需要妥善解决好受益与受损群体中的利益协调问题。作为管理者，政府在实施跨流域调水工程时要尽可能地考虑项目的各种后果，建立以可持续发展为导向、相互协调、互为补充的体系，以最小的社会和环境成本获得最大的社会效益和经济效益。这需要在规划决策与评价方法上体现处理跨流域调水工程实施过程中存在的问题，然而目前跨流域调水工程评价方法(CBA)又存在问题。

3.2.2.2　传统跨流域调水工程评价(CBA)存在的问题

　　在跨流域调水工程评价中，人们通常最关心的是项目社会效益和社会费用的比较，费用效益分析是一种被广泛使用的跨流域调水工程评价中的定量分析方法。传统 CBA 假定存在统一的社会时间偏好，主张采用统一的社会折现率反映社会时间偏好，通过计算不同时期费用、效益的净现值，判断项目的好坏。传统 CBA 认为，如果工程的预期收益超过了预期的成本，那么跨流域调水工程就可以开工建设，在评价过程中有许多重要的道德和伦理问题没有被考虑，该方法显然是建立在这样一个假设的基础上的，即如果总的影响是积极的，那么得到利益的人应该与受到损失的人共同分享得到的利益。然而，实际上，收益和损失的分配很少按照这种设想进行。那些为跨流域调水工程付出社会和环境代价并承担风险的人们，经常不是那些得到相关服务的社会和经济利益的人。跨流域调水工程产生的收益倾向于一些人群，而这些人群往往不是那些承受社会和环境成本的人群，非自愿承担成本的人群一般很贫困和弱势，或没有代言人(比如未来的人们)。考虑到当今社会对人权和可持续发展的承诺，很显然，由于多种原因，跨流域调水工程也并不一定为人类带来公平的结果，基于公平的考虑，这样的不公平后果是不能接受的。

公平被认为是发展的一个关键因素，这一观念的出现强调了传统费用效益分析决策方法是不能接受的，因为这种方法忽视了跨流域调水工程收益和成本在社会不同人群中的均衡分配。传统 CBA 决策方法的一个缺陷是把跨流域调水工程的收益和成本简化成抽象的资金流程，从而掩盖了给社会和生态系统造成切实后果的那些影响。为此，需要对成本和收益分配进行分析。为了有效地利用传统 CBA 决策方法，受害人群付出的成本需要尽量地减小，并保证赋予其同等份额的收益。考虑到环境和代际公平，这意味着需要保护满足当代人需要的生态系统，以保证后代人的收入水平不会降低，在这点上自然资源资本的贡献非常重要。传统的评价方法通常是只关心研究者所代表的利益集团的利益，最多也只是站在国家的角度来分析。但全面的技术评价，则要求识别出广泛的受影响集团，包括受到有利影响和不利影响的两方面以及那些已经受到影响的利益集团和那些现在还未意识到而在将来会受到影响的利益集团。随着人们对经济发展和社会进步认识的不断深化，对跨流域调水工程所具有的社会福利性，将以经济可行、社会公平、环境可持续的发展理念来体现与评价决策，跨流域调水工程决策有从单一准则的政府决策向多准则、多层次的公众参与决策发展的趋势，这要求对跨流域调水工程评价方法进行创新。

3.2.2.3　跨流域调水工程经济评价方法的逻辑框架体系

评估项目成本和收益的传统费用效益分析方法对于跨流域调水工程的规划决策是不适合的，这种建立在权衡基础上的发展决策既不能把握相关问题的复杂性，也不能适当地反映在可持续发展这一广泛背景下社会赋予不同选择方案的价值。考虑到与权利相关问题的重要性，以及对所有利益相关方的潜在风险的性质和程度，应该建立一个立足于"承认权利"和"评估风险"(特别是权利面临的风险)的方法，将它作为指导规划决策的依据，使在方案评估、规划以及项目周期中将经济、社会和环境三方面融为一体。针对跨流域调水工程的目标是社会发展与改善福利，而在其建设实施过程中又存在着不公平、社会和环境影响等方面问题，《世界人权宣言》、《发展权利宣言》和《环境与发展里约》三个文件构成了人类可持续发展国际上广泛接受的准则框架，这个框架使经济可行、有效参与、社会公平、环境可持续的发展概念得以实现，使得立足于权利的方法为协调存在竞争性利益的发展抉择提供了原则性基础，它是跨流域调水工程决策核心价值观建立的基础与前提。

概括地说，评价决策框架是在众多满足跨流域调水工程服务需求方案集合效率优选的基础上，按照多元价值的目标要求，采取多维调控措施，实现跨流域调水工程效益与成本(经济的和财务的)在不同利益群体之间的合理分配，并将其作为跨流域调水工程评价、选择与决策的基础。跨流域调水工程决策必须与所有有关发展的决策一起对多方面的要求、期望、目标和约束做出回应，作为公共选择和公共政策制定的内容，要反映各方相互竞争的利益，并要求进行协商，在解决冲突过程中协调好相互竞争的需求和权利是一个最重要因素，改进跨流域调水工程实施过程的成效首先要对开发的共同价值观、目的和目标，以及它们对制度变化的含义有一个清晰理解，针对跨流域调水工程，其核心价值观应包括效率性、参与性、公平性和可持续性。基于"承认权利"与"评估风险"的方法需要按照多元价值观的目标要求，在不同利益群体之间进行合理的成本与效益分担，为此需要采取投资分摊、公共定价、外部效果处理、转移支付等多维调控措施。

3.2.3　跨流域调水工程经济评价决策的目标体系

《世界人权宣言》(1948 年)、《发展权利宣言》(1986 年)、《环境与发展里约》(1992年)共同构成了国际上广泛接受的发展准则框架，这个框架使经济可行、有效参与、社会公平、环境可持续的发展概念得以实现。公正和可持续的发展方法要求，建设一个跨流域调水工程或选择任何别的方案的决策在开始时绝不能牺牲任何公民或受影响群体的权利，承认由于他们的牺牲，受影响者实际上是开发项目的贡献者这一事实也意味着关注的重点由从补偿方法向建立公平的利益分享机制转变。正在从对公共利益的一般性评估向把重点放在促进公正分配发展的成本和收益转变。公共利益的定义正在发生变化，从对压倒一切的经济增长的利益的高度重视转变到更多地注重受发展影响的人民和社区的权利和利益。改进跨流域调水工程开发的过程及其成果首先要对开发的共同价值观、目的和目标以及它们对制度变化的含义有一个清晰的理解，这些多元化的核心价值观包括效率、参与性、公平、可持续性，对于跨流域调水工程来说，这些价值观构成了公正决策的权利为本方法的基础，它们贯穿于整个跨流域调水工程决策过程的价值观，它们为跨流域调水工程开发决策提供了最重要的检验准则。

3.2.3.1　效率性目标

明晰与跨流域调水工程具有同等开发功能的各种选择方案相关的所有人的权利，及其要承担的风险，就会创造解决利益争端和冲突的积极条件。通过协商，在早期阶段就将那些不利的跨流域调水工程方案取消，并只提出由主要利益相关者认同最能满足需要的那些方案作为选择方案，这样就能大大地提高跨流域调水工程开发的有效性。这要求采用一种将社会、经济和环境等不同方面的发展整合起来的综合途径，在协调不同利益群体方面进行有效的合作。考虑到与权利相关问题的重要性，以及对所有利益相关方的潜在风险的性质和程度，应该建立一个立足于"承认权利"和"风险评估"(特别是权利面临的非自愿风险，"承认权利"和"风险评估"导致对利益方的确认)的方法，将它作为指导跨流域调水工程规划和决策的依据。这也将提供一个更加有效的框架，使在选择方案评估、规划以及项目周期中将经济、社会和环境三个方面融为一体。

对跨流域调水工程进行总绩效评价或者生命周期绩效的评价，常常会产生不同的结果，对跨流域调水工程成本的分析很多情况下取决于其成本内部化程度，取决于具体成本如何分担和利益如何分享。本次研究要求跨流域调水工程要基于生命周期的全口径成本(含外部成本)与全口径效益(含外部效益)进行分析计算，当然要反映跨流域调水工程对社会和环境带来的影响和价值。然后在多个相互具有替代关系的方案集合中运用费用效益分析方法作为效率优选与决策的准则，这样才能和其他的发展目标或准则相协调。在选择方案的过程中首先选择经济效率最高的项目方案，为其他发展目标建立效率优先基础。

3.2.3.2　参与性目标

跨流域调水工程的参与性决策主要就是指使得所有利益群体都能有机会参与决策。从国内外实践来看，利益相关者参与跨流域调水工程评价与决策的合理性体现在三个方面：首先，针对认识层面的不公平，参与式评价方法的合理性在于决策的认知准备功能，使跨流域调水工程的受众表达其观点，知会公众可以传递知识，吸纳受众参与评价过程则可以交流彼此的论点，提高决策被广泛接受的可能性。其次，针对规范性层面的不平等性，如果政治决策被认为是合法的，其目标是为了达到"社会接受"，就必须考虑技术受众的利益和价值观，以及现实存在的不平等。再次，针对实用层面不平等性，参与式评价方法为相互冲突的论点提供了和解的平台，并为新的解决方法的提出和形成奠定了基础。

参与性决策主要就是指使得利益相关群体都能有机会参与决策，传统项目评价方法通常是只关心研究者所代表的利益集团，最多也只是站在国家角度来分析。实际上，项目在获得效益的同时往往也需要付出一些代价，将会对当前利益格局进行调整，在这个调整过程中对不同利益群体产生不同影响，当成本和收益产生于不同人群时，对预期成本和收益进行加减核算就不能准确地衡量社会福利变化，为了有效地利用成本费用分析法，受害群体付出的成本要尽量地减少并保证赋予相应份额的收益。参与性价值观就是要在项目层次上建立利益共享机制，凡是获得效益的均应承担成本，同样承担成本的也应获得相应效益。

3.2.3.3　公平性目标

依据现代经济学的观点，跨流域调水工程目标是增进和提高社会福利，而社会福利的增加又体现在效率性和公平性两个方面。跨流域调水工程评价方法中最典型的费用效益分析 CBA 法，它以净效益总值或效益/费用等作为判断基准，重点放在项目效率性评价上，它没有对项目公平性的分析，公平本质是社会成员之间利益进行合理调整的一种分配理念和由此而建立的分配机制，同时也包括利益分配不合理时的相应补偿机制。跨流域调水工程决策应从多个角度、多个方面评价，确定该项目的投入、产出以及对社会、环境、伦理道德等方面的各种有利和不利影响，并进行权衡，确定其价值与风险，从而进行政策分析，其实质就是处理好"人与人之间的和谐共处"、"人与自然的和谐共处"，为政府及决策机构提供正确的决策参考。在代内可持续发展伦理观中要遵循代内"补偿"原则和"公平"原则，即对于利用自然资源、环境与发展自身能力都享有平等的权利。它不仅强调人类生存权利的平等、人类基本需求和欲望满足的合理性，还特别强调人类使用、分配、保护自然资源的权利与公平性，凸显了全球人类共同利益的必然性和现实性。可持续发展思想中，很多部分都体现了对代内公平的重视，如跨流域调水工程实施中一部分人的发展不应损害另一部分人的发展，任何一个国家或地区的发展不能以损害其他国家和地区的发展为代价等。

综上所述，公平源自利益的平衡，从社会利益平衡的角度而言，现代社会的政府更应关注利益群体的利益平衡。公平本质是社会成员之间利益进行合理调整的一种分配理念和由此而建立的分配机制，同时也包括利益分配不合理时的相应补偿机制。在代内可持续发展伦理观中要遵循代内"补偿"原则和"公平"原则，即对于利用自然资源、环境与发展自身能力都享有平等权利，公平表现为利益主体之间利益分配和利益关系的公正合理。本次对公平性价值观目标的考虑主要是研究与跨流域调水工程有关的效益与成本在不同利益群体间的合理分配问题，实现利益相关群体均达到其公平合理的预期收益率目标的共赢局面。

3.2.3.4　可持续性目标

传统经济学的公平理论，在公平内容上强调收入公平，在公平主体上强调代内公平，这种公平理论最大的缺陷是忽视了代际公平。建立可持续发展影响评价制度，对准备实施的大型跨流域调水工程进行评价，是克服传统发展观的非持续性的必由之路，是实施可持续发展战略的重要内容。可持续发展模式是对人类进入工业文明以来所走过的道路进行反思的结果，强调社会、经济发展与资源、环境相协调。可持续发展影响评价制度从全面、综合的高度对各种影响进行权衡提出对策，用以清除或降低发展的不确定性和盲目性。跨流域调水工程的影响是否能够避免或者有效地减小，这些影响是可逆的还是不可逆的，能否采取避免、最小化、缓解、补偿和生态环境恢复等措施来保护环境，生态环境系统的影响存在代际问题和社会不公平现象，只有努力解决这些才能实现可持续性。可持续发展核心是发展，也就是尽可能地降低发展的风险与代价。代际公平伦理价值观就是要保证当代人与后代人有平等发展机会，在资源和福利分配上实现公平，它以代内公平观念为前提，将伦理维度纵向延伸，最终实现时间整体公平，对此问题学术界提出了诸如建立自然资本公平储备、维持生态可持续性、实行代际补偿等方法。代际公平从经济学角度讲，就是在自然资本不断消耗条件下用其他形式的财富替代自然资本，并在时间推移的过程中使后代维持至少不下降的福利水平。本次采用"人均资本等量或增量的代际转移"为标志判断实施跨流域调水工程的可持续发展，在分析资产时考虑项目利益相关群体的人口增长率。

在后代人缺位和现有的科技水平条件下，当代人应该选择怎样的社会折现率，使在至少不损害后代人利益的同时，增加当代人的利益呢？资源与环境科学界通常认为，社会折现率高将会导致资源加速耗竭、生态环境退化。从投资角度看，社会折现率越高将会有越少的投资项目，投资又常常伴随着自然资源投入，所以高社会折现率在资源环境保护方面更理想；从直接利用资源角度看，高社会折现率将会使耗竭性资源消耗速度加快、可更新资源存量也将越小，这显然对后代人的资源环境不利。于是，高社会折现率对资源环境基础有利且同时又不利的矛盾状况出现，即为"社会折现率的资源环境两难困境"。为处理实物资本与资源环境的社会折现率两难困境，本次针对跨流域调水工程中投资组成，对实物资本投资采用社会折现率，对于修建跨流域调水工程造成的资源与环境损失价值采用 0 折现率，取二者货币价值加权折现率作为跨流域调水工程折现率。

3.2.4　多维协同联调措施

跨流域调水工程表现的非竞争性和非排他性，使得在评价中表现出外部效应、市场的不完全和信息的不对称等特性一般易导致市场失灵，跨流域调水工程的市场失灵以及对多元价值观的关注成为政府或公众对跨流域调水工程干预调控的经济学基础。调控主要是采取公共经济政策措施，对跨流域调水工程规划、建设与实施中造成的不同利益群体的利益冲突进行协调与控制。跨流域调水工程经济调控或运行机制体系改革的目标模式，应当是以政府扶持与市场调节相结合，以微观经济活动为对象，以社会主义公共事业持续稳定协调发展为目标，行政、经济、法律等手段并用，间接调节与直接调节相结合和多种调控要素相互作用的多维调节有机联系的立体结构系统。多维调控主要是采取经济政策措施，为解决跨流域调水工程实施造成的不同利益群体的利益冲突进行协调与控制。概括为以下几方面：一个调控目标，公平分配跨流域调水工程的产出与服务；两种调控机制协同发挥作用，跨流域调水工程产出与服务既有产品性，又有商品性，这就决定了它的调控机制必然有计划和市场的协同作用；四种经济调控手段协同配合，主要是采取公共定价、投资分摊、外部效应、转移支付等四种调控手段。多维调控交织组合构成的立体系统的关键还是四种调控手段的实施。

3.2.4.1　公共定价

长期以来，公共定价问题一直是困扰理论界与实际部门的"两难"问题。在政府作为单一投资主体情况下，为了满足社会福利需求，经常实行的"象征性"定价容易造成消费过度和资源浪费；制定垄断价格亦经常导致社会需求难以充分得到满足，形成双重社会福利损失；若完全按投资主体要求对其收费，则又容易导致完全的"市场价格"，并产生消费不足。因此，跨流域调水工程产出品或服务定价原则需要兼顾两方面：一方面，应通过定价体现社会福利要求，使价格承担起实现社会福利目标的职能；另一方面，应通过公共物品定价体现投资主体的要求，政府以外的投资主体以逐利为目的，要求通过定价尽快收回投资并盈利，为了与公共物品定价相配合，政府需要给予一定的补贴，既包括补贴给生产者，又包括补贴给消费者。

公共物品求大于供的非均衡状况是其运营中的供需常态，在设计价格函数时，不仅要综合地考虑"边际成本"和社会成本对定价的影响，还要考虑一系列增进总体社会福利函数的自变量因子(公共物品本身的建设收益+社会收益)。最终达到这样的目的：既要考虑消费者承受能力，从而满足社会整体福利需要，也要通过定价来满足各种投资主体的利益需要，尽量克服搭便车现象，减少效率损失。公共物品定价的前提条件是社会福利最大化和体现商品特性，基于以上考虑，需要采用"社会边际成本"定价准则，这样既反映了投资者和消费者的现实需要，又反映了社会福利要求。公共产品定价具有很强的政策性，它既是政府管理调控经济，提高资源配置效率的有力工具，也是政府改进效率与公平的重要方式。跨流域调水工程产品或服务的定价的合理性标准主要有：遵守和反映受益原则，以补偿成本为基本限度，应该考虑付费意愿，考虑公共服务的权利性质，损益平衡原则，供需均衡原则。

3.2.4.2　投资分摊

跨流域调水工程往往是为改善一些人或区域的社会福利，其开发目标一般是多目标或多种效益，且有许多部门或地区参与投资，需要在不同利益主体或多个开发目标之间合理分摊投资，其负担投资费用是否在其所接受的范围之内，决定着其对项目的支持态度，分摊是否合理，关键在于是否公平，建设跨流域调水工程应采用政府扶持与市场机制相结合的政策，跨流域调水工程应建立多元化、多渠道、多层次的投资体系和政策。

同时按照产业政策的规定，也需要对公益性功能与经营性功能的投资费用进行合理划分与分摊，以加强经济财务核算，保证跨流域调水工程的综合性利用功能能够通过国家和企业的投入资金得以建设，做到既能够使跨流域调水工程作为企业得以良性生存，又能使得其公益性功能得以有效贯彻。跨流域调水工程投资分摊由于涉及不确定性因素多，目前还没有一个十全十美的方法能圆满解决各主体间的矛盾，但为了使分摊的结果相对合理一些，提出若干费用分摊原则是必要的。费用分摊是否合理，关键在于是否公平，即应遵守若干公平性原则，主要还是成本与效益对应原则。具有典型意义的跨流域调水工程——综合利用水利建设项目，投资分摊方法包括主次分摊法、工程指标系数分摊法、效益比例分摊法、最优替代方案分摊法、可分离费用–剩余效益法(SCRB 法)、可分离费用法、合理替代费用分摊法、博弈论法、群体决策法、组合分摊法等。其他跨流域调水工程的投资分摊方法可参考这些方法，为了检验分摊的公平性，应进行合理性检查。

3.2.4.3　外部效果处理

跨流域调水工程除会产生与其投入与产出所对应的直接费用和直接效益外，还会对社会其他部门产生间接费用和(或)间接效益，这种间接费用和间接效益统称项目的外部效果。项目的外部效果是指由项目产生的，施与项目以外的经济主体的影响，通常把与项目相关的间接效益(外部效益)和间接费用(外部费用)统称为外部效果。外部性是未被市场交易所体现的额外成本或额外收益。不是所有包括外部性的关系都将产生资源配置不当，在纯粹竞争的条件下，当一个人的活动水平影响另一个人的财务状况时，不一定产生资源配置不当，这就是假外部性——货币外部性，货币外部性产生于经济活动中一些投入和产出的价格变化。技术外部性介入以后，作为一个自变量，改变了生产者的生产函数或消费者的效用函数；作为一个因变量，改变了生产者的产出水平或消费者的效用水平。因此，比较一个投入向量在有技术外部性和没有技术外部性两种状况下的分配，经济成员将会产生差异。相反，货币外部性介入以后，如果所有资源投入像以前一样使用，并且存在一个合理的收入再分配机制，以补偿作为外部性调节手段的价格变化对收入的影响，经济成员将保持他们原来的效用水平。由于自然资源与环境密切相关，对自然资源的使用常会产生环境外部性。从资源配置的角度看，外部性，无论是外部经济性还是外部不经济性，都体现了成本的转嫁。从成本转嫁的过程来看，如果外部性的成本转嫁时间较短或几乎没有时间的滞留，即可将这类外部性视为发生在一代人之内的，称为代内外部性。如果外部性的成本转嫁涉及到了多代，则可称这种外部性为代际外部性。

市场对具有正外部性的物品和服务(跨流域调水工程、科学研究等)供给不足，而市场对具有负外部性的物品和服务(环境污染、生态恶化等)供给过量。对于外部性，改善效率的途径是政府要界定或重组产权，纠正外部性的核心是使得企业的私人成本或私人收益等于社会的成本或社会的收益，从而获得效率的资源配置，解决外部性的方法主要有征税与补贴、合并与内部化、界定产权等。

3.2.4.4　转移支付

转移支付是指系统内部所发生的费用和效益的相互转移，它并不发生实际的资源消耗(或增加)。站在全社会角度的费用效益分析，以资源为分析对象，因此应该扣除属于国民经济内部的转移支付，但在分析不同利益主体的费用与效益时，其追踪的对象是货币，必须考虑内部转移支付，反映资金的流入与流出。在项目费用效益分析中，国家(社会)作为一个大系统，其内部发生的某些费用和效益只是相互转移，并没有发生实际资源的增加和耗用，这部分费用和效益称为国民经济内部的"转移支付"。不同利益者的费用效益分析(财务评价)中的某些财务费用和财务收入，并未伴有资源的相应投入和产出，不影响社会最终产品的增减，因而不反映国民收入的变化，它并不反映对国家的直接要求，只表现为资源的支配权利从项目转移到社会其他实体，或者从社会其他实体转移给项目，在不同利益群体费用效益分析中要考虑这种资金的转移支付。在费用效益分析中，有四种常见的直接转移支付，主要包括税金、补贴、国内贷款和其债务偿还(还本付息)。

识别某项费用或效益是否为转移支付需要注意两点：第一，要看这一费用或效益是不是仅限在系统内部发生，如果同系统外部有联系，就肯定不是"转移支付"，如国外借款的还本付息与系统外部有联系，不应看做转移支付；第二，判断是否发生实际的资源变化(耗用或增加)，没有发生资源变化的属于转移支付。

3.2.5　多元价值观视角下的跨流域调水工程评价模型体系

3.2.5.1　模型体系

模型体系指在多维协同联调作用下反映多元价值观组成的判断跨流域调水工程合理性的标准，多元价值观中效率性是基础、参与性是过程、公平性与可持续性是最终目标。模型体系有八个目标函数，第(1)式与第(2)式是指效率性价值观目标函数，第(3)式与第(4)式是参与性价值观目标函数，第(5)式与第(6)式是(代内)公平性价值观目标函数，第(7)式与第(8)式是(代际)可持续发展价值观目标函数。

$$\max_{i=1}^{M} \sum_{t=1}^{T}\left[\left(B_{it(dj,\,ft,\,wb,\,zy)}-C_{it(dj,\,ft,\,wb,\,zy)}\right)\cdot(1+i_s)^{-t}\right]\geq 0 \tag{1}$$

$$\max_{i=1}^{M} \sum_{t=1}^{T}\left\{\left[\left(\alpha_1\cdot B_{it(dj,\,ft,\,wb,\,zy)}-\alpha_2\cdot C_{it(dj,\,ft,\,wb,\,zy)}\right)\cdot(1+i_s)^{-t}\right]\right\} \tag{2}$$

$$j_n^*\in\arg\max_{j=1}^{NN}\left[\sum_{t=1}^{T}B_{mtj},\sum_{t=1}^{T}C_{mtj}\right]>0 \tag{3}$$

$$\min_{n=1}^{N}\left\{I_n^*\in\arg\left[\sum_{t=1}^{T}\left(B_{itn(dj,\,ft,\,wb,\,zy)}-C_{itn(dj,\,ft,\,wb,\,zy)}\right)\cdot(1+I_n)^{-t}=0\right]-i_n\right\}\geq 0 \tag{4}$$

$$\min\left[\max_{n=1}^{N}\left(\frac{I_n^*-i_n}{i_n}\right)-\min_{n=1}^{N}\left(\frac{I_n^*-i_n}{i_n}\right)\right] \tag{5}$$

$$\min\left[\max_{n=1}^{N}\sum_{t=1}^{T}\frac{B_{mtn(dj,\,ft,\,wb,\,zy)}\cdot(1+i_n)^t}{C_{mtn(dj,\,ft,\,wb,\,zy)}\cdot(1+i_n)^t}-\min_{n=1}^{N}\sum_{t=1}^{T}\frac{B_{mtn(dj,\,ft,\,wb,\,zy)}\cdot(1+i_n)^t}{C_{mtn(dj,\,ft,\,wb,\,zy)}\cdot(1+i_n)^t}\right] \tag{6}$$

$$i_s=\frac{LOSS_{RES-ENV}\times I_s'+INVEST_{REAL}\times I_s}{LOSS_{RES-ENV}+INVEST_{REAL}} \tag{7}$$

$$\min_{t=1}^{T}\left[\frac{equ_{t+1}-equ_t}{equ_t}-r_{t+1}\right]\geq 0 \tag{8}$$

式中　i、t、n——优选的项目集合中方案序号、项目计算期中的年序号、利益相关者序号；

M、T、N——跨流域调水工程集合中的方案数、跨流域调水工程计算期、利益相关者数目。

α_1、α_2——乐观系数、悲观系数，以这两个系数体现效率优选的多准则决策思想；

dj、ft、wb、zy —— 多维调控措施的公共定价、投资分摊、外部效果处理、转移支付等；

is —— 跨流域调水工程折现率，采取加权的办法求得，或按照国家有关规范采用；

$B_{it(dj,ft,wb,zy)}$、$C_{it(dj,ft,wb,zy)}$ —— 第 i 方案第 t 年效益与成本(全口径，含外部效果)；

$B_{itn(dj,ft,wb,zy)}$、$C_{itn(dj,ft,wb,zy)}$ —— 采取调控的第 t 年第 i 方案第 n 个利益相关者效益与成本；

$\sum\limits_{t=1}^{T} B_{mtj}$、$\sum\limits_{t=1}^{T} C_{mtj}$ —— 优选的第 m 方案第 j 个提出参与利益相关群体(共有 NN 个)的生命周期内效益与成本累计，如果两者之中有一个大于 0，即为真正的利益相关者 J_n^*；

$B_{mtn(dj,ft,wb,zy)}$、$C_{mtn(dj,ft,wb,zy)}$ —— 采取调控后优选的第 t 年第 m 方案第 n 个利益相关者的效益与成本；

i_n、I_n^* —— 第 n 个利益相关者的收益率要求、第 n 个利益相关者实际获得的收益率；

I_s'、I_s —— 跨流域调水工程造成的未实物补偿的资源环境折现率、社会折现率；

$LOSS_{RES-ENV}$、$INVEST$ —— 项目造成的未实物补偿的资源环境价值、项目实物资产价值；

equ_t、equ_{t+1} —— 第 t 年、第 $t+1$ 年的净资产；

r_{t+1} —— 第 $t+1$ 年与跨流域调水工程有关的全部利益相关者的人口增长率，可参考当地的预测数据。

1)效率价值观下的多准则优选模型

以具有相互替代关系的方案集合中进行经济优选作为体现效率的准则，遵照国家有关规范的规定，经济比较选用绝对经济指标比较法(经济净现值法、费用现值法、效益现值法)，并以经济净现值大于 0 作为选择经济合理方案集合的判断准则，这个优化准则反映在模型体系的第(1)式。

在选择的经济合理方案集合中首先按经济净现值由大到小优选，即首先考虑经济效率最好的方案，然后进行后面的参与性、公平性和可持续分析，然后选择次优的方案依次分析研究，选择这部分反映在模型体系中第(2)式的优选目标函数，其中的 α_1、α_2 分别表示乐观系数、悲观系数，乐观是对效益而言，悲观是对费用来说，通过这两个系数体现出多准则优选的思想：按经济净现值最大准则，$\alpha_1=1$、$\alpha_2=1$；按经济效益现值最大准则，$\alpha_1=1$、$\alpha_2=0$；按费用现值最小准则，$\alpha_1=0$、$\alpha_2=1$。考虑在具有相互替代关系的方案集合研究阶段，方案集合中的实物量产出相同，此时可考虑按方案折现费用现值最小法作为优选准则；方案集合中的投资费用相同时，此时可考虑按方案经济效益现值最大法作为优选准则；当各方案的效益和费用均不相同且可计算时，可考虑按经济净现值最大作为优选准则。

2)所有利益相关者全面参与的价值观

传统跨流域调水工程评价中主要是从投资者角度来评价，从社会角度考虑至多也只是进行国民经济评价，但是对于不同利益群体在项目中的利益分配，尤其是对于效益共享与成本分担机制研究较为缺乏，这里就是通过发掘所有的利益相关者，尤其是关注为跨流域调水工程承担(成本)损失与风险的利益相关者,模型体系第(3)式反映了在跨流域调水工程生命周期内承担成本或获得效益作为判断利益相关者的标准,也就是在公众参与的过程中有可能多个申请提出是利益相关者,但判断的准则是生命周期内要有效益或成本发生。

参与性的标准就是按照严格的公平性要求做到没有输家,也就是模型体系第(4)式,采取多维调控实现的各利益相关者参与的最小收益率水平大于各利益群体提出或协商的目标收益率,也就是式中的 $I_n^* \geq i_n$,即做到跨流域调水工程实施的共赢局面出现,如果没有达到合理补偿或效益实现不合理就表明参与过程不合理。

3)公平价值观模型

在代内可持续发展伦理观中要遵循代内"补偿"原则和"公平"原则,公平主要是考虑利益群体间差异应在合理范围内,考虑不同利益群体在跨流域调水工程中贡献(受害群体损失被认为是贡献)的投资成本规模不同,因此判断公平的原则用相对经济收益指标,本次主要是以两个判断模型来反映与实现公平价值观,也即模型体系中的第(5)式和第(6)式,其中第(5)式是指不同利益群体实现的收益率相对目标收益率增加的百分比不能相差太大,并以利益群体中的相对于目标收益率来说增加比例最大的与最小的之差最小为优化准则的目标函数,当然实际分配过程中只要各利益相关者认可的公平分配方案也即可;第(6)式是考虑不同利益群体为跨流域调水工程进行的投资成本与实现的效益流程各年不同,考虑采用动态折现的方法来分析计算其费用与效益比,并且以利益群体中最大效益费用比与最小效益费用比之差最小为优化准则。

4)可持续性价值观模型

为处理"社会折现率资源环境两难困境"问题,对实物资本投资(包括财产损失的实物补偿)采用社会折现率,对于修建跨流域调水工程所造成的资源与环境损失的价值采用折现率为0(当然也可选取为小于社会折现率的数值),取二者货币价值为权重的加权折现率作为跨流域调水工程折现率。跨流域调水工程实施好坏、质量优劣、制度安排和组织设计的合理与否将会削减或增强一个国家或地区的财富积累,进而涉及以"人均资本等量或增量的代际转移"为标志的可持续发展,本次模型建立中以"人均资本等量或增量代际转移"为可持续发展价值观目标函数,模型体系中可持续发展的代际体现的模型由模型体系第(7)式和第(8)式组成。

其中第(7)式是以实物资产的社会折现率与资源环境价值0折现率的加权折现率作为项目折现率。以"人均资本等量或增量的代际转移"为可持续发展价值观目标函数,具体来说,就是模型体系中的第(8)式,即第 $t+1$ 年的净资产增长率不小于第 $t+1$ 年的人口增长率 r_{t+1}。在净资产计算中对于跨流域调水工程建设造成的损失采取实物资产补偿的按其资产价值分析,如果没有给予实物补偿需要从资产中扣除该部分损失,但是在计算不同利益群体公平分配时要考虑该部分损失作为利益群体资产并且获得合理的收益。

3.2.5.2　求解方法

针对建立的模型体系,求解方法与步骤如下:

(1)首先在利益群体的参与下设计出所有的跨流域调水工程方案集合,还包括所有的替代方案集合。

(2)对可能的经济合理可选跨流域调水工程集合进行经济合理性判断，选择经济合理方案集合。

(3)在经济合理方案集合中按照三个优选准则进行优化选择。

(4)按照全生命周期成本或效益发生原则，确定利益相关者，针对优化选择的方案，采取多维调控措施中的公共定价、投资分摊、外部效果处理、转移支付进行不同利益群体的成本分摊与效益分享。

(5)判断是否满足参与性要求，即是否所有利益群体的成本均得到相应的收益要求，若满足转向(6)。若没有达到所有利益群体的参与性的目标函数，则转向(4)重新进行多维调控措施对不同利益群体的成本与效益进行分担，若经过多次循环仍不能满足，则转向(3)重新进行方案的优化选择。

(6)当满足参与性要求后，则判断各利益群体提出的收益率要求的差别和实际获得的相对收益要求是否满足利益群体公平性要求，若不满足，进行协商调整，直到所有利益群体都满意。

(7)在满足上述条件下，判断是否满足可持续性，如果不满足，调整收益要求或者重新优化选择新方案。

(8)当满足可持续性条件时，则实现了满足多元价值观要求的跨流域调水工程方案的优化选择的满意解。

(9)研究选择过程是按照效率优先原则，在这个原则下若满足全部价值观，即完成评价过程。

本次研究提出了从项目和利益群体两个角度开展费用效益分析，并以多元价值观判断项目合理性的标准，为达到多元价值观目标要求采用多维调控手段，在模型体系建立的基础上，存在复杂的均衡求解过程，还可采用博弈论与群体决策方法来描述与研究其博弈均衡实现机制。

第4章　水资源规划多目标决策理论与模型

4.1　基于满意度的调水量优化配置多目标决策模型

4.1.1　跨流域调水工程的多水资源联合调配数学模型

跨流域调水量优化配置包括将区域内水资源在各时段对各个子区域、各类用户进行优化分配等内容。从水资源分配决策的角度来分析，通常是流域机构与流域内各省区或经济区分层控制，它们是上下级信息交流、协同决策的递阶结构。本次研究以多目标多层次大系统理论为基础，以区域可持续发展思想为指导，以促进区域社会、经济及生态环境的协调发展为目标，进行跨流域多水源在各子区域不同用水部门之间的优化配置，探讨某规划水平年最佳综合用水效益下的水资源优化配置方案，为领导决策提供科学决策的参考依据。

4.1.1.1　目标函数的建立

1. 决策变量描述

将跨流域调水水量优化配置按照行政区划分为两级，即区域层、子区域层，并建立大系统递阶分解协调结构。根据研究的需要，分别用决策变量 $Q_1(i,k)$、$Q_2(i,k)$、$Q_3(i,k)$、$Q_4(i,k)$ 表示分配给 i 省(区)k 用户的跨流域调水的公共水资源、区域自身的公共水资源、当地的地表水资源、当地的地下水。为描述方便起见，假设有 m 个子区域(省(区))，每个子区域又有工业、农业、生活、生态环境等 4 个用户。

2. 子区域层目标函数的建立

依据水资源优化配置的基本原则，其目标应满足有效性、公平性和可持续性原则，目标的度量应同时满足这三原则为基本计算标准。供水区在无跨流域供水的情况下往往由于缺水严重制约了社会的全面发展与进步，为此选择缺水量最小作为社会目标；选择区域供水净效益最大作为经济目标；考虑缺水地区普遍存在着由于地下水持续过量开采导致地下水位下降引起的地下沉降漏斗、海水入侵等一系列生态环境问题，故选择地下水开采量最少作为生态环境目标。三个目标函数的数学表达式如下所示：

$$\min\{Z_{i1}\} = \min\left\{\sum_{k=1}^{4}\left[U(i,\ k) - Q_1(i,\ k) - Q_2(i,\ k) - Q_3(i,\ k) - Q_4(i,\ k)\right]\right\} \tag{4-1}$$

$$\max\{Z_{i2}\} = \max\left\{\sum_{k=1}^{4}b(i,\ k)\left[Q_1(i,\ k) + Q_2(i,\ k) + Q_3(i,\ k) + Q_4(i,\ k)\right]\right\} \tag{4-2}$$

$$\min\{Z_{i3}\} = \min\left[\sum_{k=1}^{4}Q_4(i,\ k)\right] \tag{4-3}$$

式中　$U(i, k)$ —— i 区域 k 用户的需水量；

　　　$b(i, k)$ —— i 区域 k 用户的单位供水量的净效益系数；

　　　Z_{i1} —— 考虑大型跨流域调水工程后，i 区域年缺水量；

　　　Z_{i2} —— i 区域年供水净效益；

　　　Z_{i3} —— i 区域年地下水开采量。

3. **区域层目标函数的建立**

在子区域层目标函数建立的前提下，区域层的社会目标、经济目标、生态环境目标分别是相应的子区域层数值求和取最小、最大、最小，这样建立的区域层目标函数如下：

$$\min\{Z_1\} = \min \sum_{i=1}^{m} \left\{ \sum_{k=1}^{4} \left[U(i, k) - Q_1(i, k) - Q_2(i, k) - Q_3(i, k) - Q_4(i, k) \right] \right\} \quad (4\text{-}4)$$

$$\max\{Z_2\} = \max \sum_{i=1}^{m} \left\{ \sum_{k=1}^{4} b(i, k) \left[Q_1(i, k) + Q_2(i, k) + Q_3(i, k) + Q_4(i, k) \right] \right\} \quad (4\text{-}5)$$

$$\min\{Z_3\} = \min \sum_{i=1}^{m} \left[\sum_{k=1}^{4} Q_4(i, k) \right] \quad (4\text{-}6)$$

式中　Z_1 —— 考虑大型跨流域调水工程后，区域年缺水量；

　　　Z_2 —— 整个区域年供水净效益；

　　　Z_3 —— 整个区域年地下水开采量。

4. **考虑公平性与可持续性目标函数的建立**

以区域层的经济目标为例，若考虑用水在地域间和不同收入者间的公平分配原则，则目标函数应改写为

$$\max\{Z_2\} = \max \sum_{i=1}^{m} (R_{iT} \cdot Z_{i2}) \quad (4\text{-}7)$$

可持续原则实际上是代际间的水资源利用公平性原则，它要求不同时代的水资源利用权利及其效益维持不衰减，尽管各用水户的用水量及其有关的系数可以随时间变化，其产生的综合效益值也有很大差别，但后一代人的总用水效益不应小于前一代人的总用水效益，才能保持可持续发展的基本要求，以经济目标为例：

$$\max\{Z_2\} = \max \sum_{T} \left\{ \max \sum_{i=1}^{m} R_{iT+1} \cdot Z_{i2} - \max \sum_{i=1}^{m} R_{iT} \cdot Z_{i2} \right\} \quad (4\text{-}8)$$

式中　R_{iT} —— T 规划期 i 省（区）公平系数或公平性权重，并且有 $R_{\text{贫穷地区}} \geq R_{\text{富裕地区}}$ 和 $R_{\text{低收入者}} \geq R_{\text{高收入者}}$，$R_{iT} \leq R_{iT+1}$。

实际上，由于人类社会经济的快速发展，片面地强调经济有效性，很少追求环境和社会有效性，对公平性研究也很少，尚未真正考虑可持续原则中的代际要求，从而造成人类自身的生存环境恶化，产生资源无效利用、不公平利用和不可持续利用的严峻局面。

4.1.1.2　约束条件

模型约束条件主要包括：①全年可利用水量约束；②各时段可利用水量约束及水量平衡约束；③各部门用水量上、下限约束；④区域内部蓄水量上、下限约束；⑤干流河道（渠道）公共水量（当地公共水资源、跨流域调水量）平衡约束；⑥干流河道（渠道）对子区

供水上、下限约束，节点水量上下限约束，河道内水量上、下限约束，水库库容上、下限约束，各地区缺水量上、下限约束；⑦其他干流综合用水约束；⑧不同省(区)各种重大比例关系约束、不同省(区)调水量分配比例的范围、不同省(区)调水工程及其供水配套投资分摊约束；⑨其他约束，除以上各项约束外，尚应根据地区具体情况列出制约本地区发展的关键因素的约束条件，如资金约束等，在水资源紧缺地区，对耗水量大的某些工业部门，有时也施以供水量上限约束；⑩非负约束，区域模型中决策变量和辅助变量均应大于或等于零。

4.1.2 基于满意度的多层次多目标交互式决策模型

4.1.2.1 跨流域调水工程水量优化配置的多层次多目标决策模型

1. 跨流域调水工程水量优化配置的多层次多目标决策模型

1)区域层目标函数——上层决策层

社会目标函数：$\min_{Q_1, Q_2} F_1(Q_1, Q_2, Q_{31}, Q_{32}, \cdots, Q_{36}, Q_{41}, Q_{42}, \cdots, Q_{46})$

经济目标函数：$\max_{Q_1, Q_2} F_2(Q_1, Q_2, Q_{31}, Q_{32}, \cdots, Q_{36}, Q_{41}, Q_{42}, \cdots, Q_{46})$

环境目标函数：$\min_{Q_1, Q_2} F_3(Q_1, Q_2, Q_{31}, Q_{32}, \cdots, Q_{36}, Q_{41}, Q_{42}, \cdots, Q_{46})$

$$\text{s.t.} \quad (Q_1, Q_2, Q_{31}, Q_{32}, \cdots, Q_{36}, Q_{41}, Q_{42}, \cdots, Q_{46}) \in \Omega_0 \tag{4-9}$$

2)子区域层目标函数——下层决策层

社会目标函数：$\min_{Q_{3i}, Q_{4i}} f_1^{(i)}(Q_1, Q_2, Q_{3i}, Q_{4i})$

经济目标函数：$\max_{Q_{3i}, Q_{4i}} f_2^{(i)}(Q_1, Q_2, Q_{3i}, Q_{4i})$

环境目标函数：$\min_{Q_{3i}, Q_{4i}} f_3^{(i)}(Q_1, Q_2, Q_{3i}, Q_{4i})$

$$\text{s.t.} \quad (Q_1, Q_2, Q_{3i}, Q_{4i}) \in \Omega_i \quad (i=1、2、3、4、5、6) \tag{4-10}$$

式中　Q_1、Q_2、Ω_0、F_1、F_2、F_3——上层决策者的调水量分配决策向量，当地公共水源供水决策向量，上层决策的约束集合，上层决策的经济、社会、环境目标函数；

Q_{3i}、Q_{4i}、Ω_i、$f_j^{(i)}$ $(i=1,2,3,4,5,6;\ j=1,2,3)$——下层第 i 个决策者的当地地表水水源供水决策向量、当地地下水水源供水决策向量、约束集合、目标函数。

2. 多层次多目标决策模型的概化形式

针对上述跨流域调水工程的多层次多目标决策模型的特点，建立概化的具有一般普遍意义的多层次多目标决策模型如下：

$$\max\{F_1(x, y), F_2(x, y), \cdots, F_N(x, y)\} \tag{4-11}$$

$$\text{s.t.} \quad x \in X = \{x \mid H(x) \geqslant 0\}$$

$$\max\{f_1(x, y), f_2(x, y), \cdots, f_n(x, y)\}$$

$$\text{s.t.} \quad g(x, y) \geqslant 0, \quad y \in Y = \{y \mid h(y) \geqslant 0\} \tag{4-12}$$

式中　　x —— 公共水资源决策向量；

　　　　y —— 当地水资源决策向量。

为建立具有相对普遍意义的模型，下面的研究就以这种概化形式展开，使得其可推广应用于其他类似的资源分配问题。

4.1.2.2　跨流域调水工程水量配置的多目标决策问题及其求解技术

针对跨流域调水工程水量优化配置多目标决策的特点，需要研究其求解方法。从决策方法的观点看，多目标问题一般的数学表达式为

$$\max Z = \left\{ f_1(\overline{x}),\ f_2(\overline{x}),\cdots,\ f_n(\overline{x}) \right\} \tag{4-13}$$
$$\text{s.t.}\ \overline{x} \in S$$

式中　　$\overline{x} \in R^n$ —— 由决策变量组成的向量，用来刻画区域发展模式和水资源开发利用方式；

　　　　$f_i(\overline{x})$ —— 目标函数，分别代表区域可持续发展过程中经济、环境和社会方面的主要发展目标，为衡量某个水资源优化配置方案优劣与否的一组量度；

　　　　S —— 决策变量的可行域，由宏观经济系统和水资源系统内的诸多约束条件组成。与单目标优化不同，多目标优化问题的解一般不是唯一的，而是有多个(有限或无限)解，组成非劣解集。

从理论上讲，任何一个多目标问题，均可看成是一个单目标的目标效用求优问题：$\max V(Z)$，s.t. $Z \in Q$。在这里 V 表示效用函数，该效用函数体现了决策者在非劣解集中的偏好；Q 为目标空间，由各目标函数值的变化范围界定。决策者效用函数 V 在多目标求解过程中的作用导致了求解多目标决策问题的不同方法，根据效用函数 V 在决策分析中的作用，可以将多目标问题的各种求解原理分成以下三类：假设存在决策者的效用函数 V，并且可以用数学公式表达；假设存在一个稳定的效用函数 V，但并不试图将它明确地表达出来，只假设该函数的一般形式；不假设存在一个稳定的效用函数，无论是显式的还是隐式的。

这三种求解原理又可引出以下三类不同的求解方法：

(1)决策者偏好的事先估计。这类方法的缺点是事先给出的决策者偏好会局限"最优"方案的挑选范围，决策过程类似于某种"定向优化"。

(2)决策者偏好的事后估计。这种方法的思路是尽可能地将非劣解集空间内的所有信息提供给决策者，这类方法在理论上最为完备，但在实践上缺乏可行性。根据心理学研究，决策者面对复杂决策方案时，若超过 7 个方案，则决策者会丧失其理性决策能力。

(3)决策者偏好在求解过程中通过交互逐步明确。针对上述两种极端情形，又出现了结合上述两类方法优点的第三类方法，即首先生成有限个(通常 5 ~ 7 个)备选方案供决策者挑选，这些备选方案相互间差异性较大，且在多目标意义下是非劣的。决策者利用自己的偏好对方案进行挑选，实质上是通过这一挑选给出了自己的希望效用水平或范围，然后由计算机再围绕这一"选中"方案生成若干新的备选方案提供给决策者再挑选，逐步明确决策者的偏好。根据假设效用函数的有无，这类方法可分为两种：第一种是假设存在隐式的效用函数。即根据对决策者效用函数的假设，又将决策者对某些问题的回答作为决策偏好引入求解过程，最终诱导出最满意解。决策者在这一过程中并没有意识到

其效用函数的存在。其中，满意度方法是一种具有代表性的此类方法。第二种是假设没有效用函数。此类方法最典型的为目标规划，即由决策者首先给出在非劣解集内各目标的期望水平，然后再求解模型，寻找距目标期望水平最近的点。由于期望水平是事先给出的，所以这类方法仍有可能漏掉相当部分的潜在"满意解"。

多目标决策问题的非劣解纯粹是一个数学概念，本身并没有掺杂决策人的偏好和意向，当决策人根据自己的偏好，从非劣解集中选择满意解后，这些满意解就含有决策人的主观偏好。尽管决策人的主观愿望掺杂了自己的偏好，但从决策人的主观愿望来说"是否满意"、"满意程度如何"对每个决策目标有着客观的依据，这些客观依据决定了决策人的偏好结构。可以用目标满意度来定量地描述决策人对各个决策目标的满意程度，当决策人对目标完全满意时可取满意度为 1，当决策人对目标完全不满意时可取满意度为0，一般情况下，满意度可取 0 与 1 之间的正数。决策人在决策时虽然很难准确说出目标之间各目标的重视程度，但一般很容易说出希望某个目标达到什么样的水平值，并且根据实际情况调整目标希望达到的水平值，显然，这就反映了偏好结构以及对偏好的调整。

为了求解上面的多层次多目标决策模型，引用主从递阶决策论（Stackelberg 问题）的有关原理、思想与算法，首先，引入基于满意度的单层次交互式多目标决策模型，然后，以此为基础构造多层次迭代模型，最后，为了进行多方案的交互式比较与选择，又介绍了权重生成法的多方案优选思想与算法。

4.1.2.3　基于满意度的单层次交互式多目标决策模型及其算法

1. 单目标满意度

对多层次问题研究，首先考虑采用分层的单层多目标决策问题，以下式为例：

$$\max f(x) = (f_1(x), \ f_2(x), \cdots, \ f_n(x)) \tag{4-14}$$
$$\text{s.t.} \ x \in X$$

式中：$x \in R^{n_0}$，$X = \left\{ x \mid g(x) = (g_1(x), \ g_2(x), \cdots, \ g_m(x)) \geqslant 0 \right\}$，并设 $f_i(x)$（$i = 1, \cdots, n$）为 X 上有界连续函数。令 $a_i = \min\limits_{x \in X} f_i(x)$，$a_i = \min\limits_{x \in X} f_i(x)$，并且一般地定义函数 $\mu_i(f_i)$，$f_i \in [a_i, \ b_i]$，且 μ_i 满足：当 f_i 接近决策者所追求的期望值时，$\mu_i(f_i)$ 接近或等于 1，反之，接近或等于 0；若 $f_i' > f_i''$，则有 $\mu_i(f_i') > \mu_i(f_i'')$。

上面的 a_i、b_i 可以由前面的单目标求解构成的支付表求解，具体过程如下：

(1)分别对多目标模型的各目标进行求优，并记录每次优化求得的目标值，并将其放在同一列，就可得到多目标模型的支付表。对于水资源多目标决策模型，就是前述的求三个单目标优化问题，这样就构成支付表。

(2)为了对多目标模型各目标间得失关系进行动态分析，需要将各个目标值在非劣解集内的变化限定在大致同样的范围，至少应在同一数量级。否则在应用满意度方法对模型求解时，就很难正确地反映出决策者的偏好对目标值的影响。利用 Payoff 表提供的信息，可对模型目标范围做归一化处理。

(3)支付表有这样的特点：对角线上的数构成了多目标模型的理想点，而表中每行的最劣值，可近似地看做该目标在模型非劣解集中的最劣点(理论上二者是不等的)。因此，单目标分析和 Payoff 表可为决策者和分析人员提供如下信息：各目标最优值、最劣值，各目标在非劣解集内近似的变化范围,多目标模型中的单目标优化及目标值交换比。根据这些信息可以来判断模型对决策者偏好的灵敏度、不同偏好(不同权重组合)对多目标模型的解有多大影响,进行满意度分析研究。

定义 1:设 x^* 为上述多目标决策问题的非劣解,则 $\mu_i\left(f_i\left(x^*\right)\right)$ 为 x^* 关于目标函数 $f_i(x)$ 的满意度。

2. 多目标综合满意度

上面分别针对各目标取目标满意度,能够方便决策者在交互过程中根据实际需要调整各目标。也可采用某种方式将单目标满意度合成一个总的满意度,以便衡量目标方案相对于期望水平向量总的聚合情况。在目标较多时,还可以采取将目标分组,按组以一定规则将单目标满意度聚合起来。

定义 2:称 $\mu\left(x^*\right)=\min\limits_{1\leqslant i\leqslant n}\mu_i\left(f_i\left(x^*\right)\right)$ 为非劣解 x^* 关于全体目标的满意度。

目标综合满意度也可记为 $\mu\left(x^*\right)=\mu\left(r_1,\ r_2,\cdots,\ r_n;\ f_1\left(x^*\right),\ f_2\left(x^*\right),\cdots,\ f_n\left(x^*\right)\right)$,其中 r_i 反映 $f_i\left(x^*\right)$($i=1,2,\cdots,n$)在全体目标中作用大小的参数。全体目标综合满意度的量度虽然不与价值函数表达等价,但是价值显著较大的目标方案,在该度量上也是显著较大的,所以对决策者偏好差别较显著的目标方案,在该度量上可以加以区分。

目标综合满意度是根据解决同类问题的经验,决策者和分析者在考虑研究问题特点的基础上,所采用的综合各目标状况的度量,在不同的背景下指标有其一定的具体含义。例如,有时可采用各目标的加权和 $\sum\limits_{i=1}^{n}w_i\cdot f_i(x)$($\sum\limits_{i=1}^{n}w_i=1$,$w_i\geqslant0$);有时可采用相对目标期望点的加权距离 $\sum\limits_{i=1}^{n}w_i\cdot\left|f_i(x)-\overline{f_i}\right|^p$($p\geqslant1$);也可采用目标满意度的和 $\sum\limits_{i=1}^{n}\mu_i\left(f(x)\right)$。

目标满意度从各单个目标的角度反映该目标方案的价值的达成情况,目标综合满意度则从各目标综合的角度反映价值的大小。将这两方面结合起来,就可以在交互决策过程中实现对总价值的调整以及对各目标实现值的调整。在这两方面均能使决策者较为满意的解就是问题的最终解。

定义 3:当决策者预先给定某一值 β 时,若非劣解 x^* 满足 $\mu\left(x^*\right)>\beta$,则称 x^* 为关于满意度 β 的满意解。

显然,符合以上要求的 $\mu_i\left(f_i\right)$ 有多种形式,考虑决策心理学上思维线性的特点,这里采用一种较为直观的形式,令

$$\mu_i\left(f_i(x)\right)=1-\frac{b_i-f_i(x)}{b_i-a_i}$$

3. 转化为单目标形式的多目标满意度交互求解模型

对于给定的满意度 s,若 $\mu_i\left(f_i(x)\right)\geqslant s$,则由上式可得:

$$f_i(x) = (b_i - a_i)\mu_i(f_i(x)) + a_i \geqslant (b_i - a_i)s + a_i$$

令 $\delta_i \underset{\Delta}{=} (b_i - a_i)s + a_i$，$i=1, 2, \cdots, n$，$\varepsilon_{-1}(s) \underset{\Delta}{=} (\delta_2 \text{、} \delta_3, \cdots \text{、} \delta_n)$。

基于上述讨论，建立一个含满意度的 ε—问题 $P_1(\varepsilon_{-1}(s))$ 如下：

$$P_1(\varepsilon_{-1}(s)) \quad \begin{cases} \max f_1(x) \\ \text{s.t.} \quad f_i(x) \geqslant \delta_i \quad (i = 2, 3, \cdots, n) \\ x \in X \end{cases} \tag{4-15}$$

定义 4：若 $P_1(\varepsilon_{-1}(s))$ 无解，或 $P_1(\varepsilon_{-1}(s))$ 有最优解 $\overline{x}$，且 $f_1(\overline{x}) < \delta_1$，则不存在上述多目标决策问题的非劣解 x^*，使得 $\mu(x^*) \geqslant s$。

由这个定理推得，若 x^* 为多目标决策问题的非劣解，使 $\mu(x^*) \geqslant s$，则有：

$$\delta_i \leqslant f_i(x^*) \leqslant b_i \qquad (i = 1, 2, \cdots, n)$$

定义 5：设 $s < s'$，若关于满意度 s，多目标决策问题不存在满意解，则也不存在关于满意度 s' 的满意解。

我们知道原多目标决策问题从理论上可以求得所有的非劣解集。但若按 $\delta_i (i = 1, 2, \cdots, n)$ 含义，显然，只能求得部分非劣解，对这一缺陷，采取下列措施予以弥补，若决策人在交互过程要求多目标决策问题的第 k 个目标满足：

$$f_k(x) \geqslant \overline{f}_k \qquad (\overline{f}_k \text{ 为一给定值})$$

也即要求目标 $f_k(x)$ 的水平值至少应在 $\overline{f}_k$ 之上，则对于保守满意度 s，上面关于 δ_i 的定义可以修改为：

$$\delta_i = \begin{cases} \max\left[(b_k - a_k)s + a_k, \ \overline{f}_k\right] & (i = k \in K) \\ (b_i - a_i)s + a_i & (i = 1, 2, \cdots, n, \ i \neq k \in K) \end{cases} \tag{4-16}$$

$$K = \left\{ k \mid \exp\left[f_k(x)\right] \geqslant \overline{f}_k \right\}$$

这样通过对 δ_i 的修正，总能找到其他遗漏的非劣解，从而保证决策方法与决策方案的完备性。

从前面的讨论可以看到，决策人给定一保守满意度 s 就可由问题 $P_1(\varepsilon_{-1}(s))$ 求得一非劣解。如果决策人满意，则求得原多目标决策问题的满意解，如果决策人对非劣解不满意，则调整保守满意度 s 继续求取非劣解。决策人在调整保守满意度 s 的同时，可以更充分地体现自己的偏好要求，确定哪些目标至少必须保持在现有水平，哪些目标必须在现有水平基础上改进，并确定最少需修正值。这不仅充分考虑了决策的交互要求，也是确保所设计算法的完备性需要。很显然，决策人如果很有经验，就可以加快整个决策过程。值得注意的是，决策人通常是有限理性的。一般来说，决策人原先的偏好结构并不一定很合理，通过交互过程，决策人应根据实际情况调整偏好到合乎实际的水平。这也是交互式方法的最大优点。

4. 算法设计

根据上面的思路与讨论，这里给出如下的基于满意度的交互式算法。

步骤 1：确定满意度，由决策人根据偏好依次给出 $s=s_0$。

步骤 2：确定 ε—问题 $P_1(\varepsilon_{-1}(s))$ 并求解，若 $P_1(\varepsilon_{-1}(s))$ 无解，或 $P_1(\varepsilon_{-1}(s))$ 的最优解使 $f_1(x)<\delta$，则转至步骤 7，否则，转至步骤 3。

步骤 3：设 $\bar{x}$ 为 $P_1(\varepsilon_{-1}(s))$ 的最优解，运用定理 4 来判断 $\bar{x}$ 是否是多目标决策问题的非劣解，若 $\bar{x}$ 为其非劣解，则转至步骤 4，若 $\bar{x}$ 为劣解，则必有另外的 $\bar{\bar{x}}$，使 $f_i(\bar{\bar{x}}) \geq f_i(\bar{x})$，且其中至少有一个 i 使 ">" 严格成立，对于 $\bar{\bar{x}}$（它也是 $P_1(\varepsilon_{-1}(s))$ 的最优解），重复步骤 3。

步骤 4：若决策者对 $\bar{x}$ 满意，则 $\bar{x}$ 为所求的满意解；否则，转至步骤 5。

步骤 5：调整满意度 $s=s_{k+1}>s_k$。

步骤 6：决策人参照各理想目标值及所记录的非劣解对应的目标水平，确定：

(1)必须至少保持现有水平的目标，如 $\overline{f_{\bar{i}}}(x) \geq \overline{f_{\bar{i}}}$，令 $\delta_{\bar{i}} = \max\left[(b_{\bar{i}}-a_{\bar{i}})s+a_{\bar{i}}, \overline{f_{\bar{i}}}\right]$；

(2)必须在原有水平基础上改进的目标及至少修正量，如 $f_{\bar{j}}(x) \geq \overline{f_{\bar{j}}}+\Delta_{\bar{j}}$，令 $\delta_{\bar{i}} = \max\left[(b_{\bar{j}}-a_{\bar{j}})s+a_{\bar{j}}, \overline{f_{\bar{i}}}+\Delta_{\bar{j}}\right]$，转至步骤 2。

步骤 7：调整保守满意度 $s=s_{k+1}<s_k$，转至步骤 6。

另外，在步骤 1 和步骤 2 中，初始满意度 s 应取得较小，随后逐渐增大，因为从定理 5 知，若对于满意度 s 不存在满意解，则对于任意大于 s 的满意度也不存在满意解。

4.1.2.4 基于满意度的交互式迭代算法的多层次多目标决策模型

1. 基本思想

该算法的基本思想是，首先由上级决策者在可行域中固定一初始点，由上级决策者确定下级决策者的偏好系数并解下层多目标决策问题，然后固定该解，再利用满意度的概念，在上层多目标决策问题中增加一约束条件。该约束对上级决策者来说，采用上面的单层次的基于满意度的交互式算法所得的上级问题的解优于初始点，再由上级决策者评价该解，若满意则停止，所求解即为原两层问题的满意解，否则将所求的新解作为初始点继续迭代，直至上级决策者满意。

2. 计算步骤

步骤 1：选取初始迭代点，置 $k=0$，由上级决策者选定 $(x^{(k)}, y^{(k)}) \in X$。

步骤 2：在主层(上层)固定 $x^{(k)}$（相当于水量优化配置中的跨流域调水量与本区域公共水资源供水量的决策向量)，用加权法求解下层多目标决策问题，权系数由上级决策者确定(下面将研究由计算机生成一组权重向量，而形成多个比较方案的优化求解问题，以供决策者选择)，得到解 $y^{(k+1)}$（相当于在上层公共水资源决策向量确定的前提下优化子区域当地水资源的配置决策问题)。

步骤 3：固定 $y^{(k+1)}$，增加约束条件如下：

$$\min_{1\le i\le N_0}\left\{1-\frac{\max\limits_{x\in X_{k+1}}f_{0i}\left(x,\ y^{(k+1)}\right)-f_{0i}\left(x,\ y^{(k+1)}\right)}{\max\limits_{x\in X_{k+1}}f_{0i}\left(x,\ y^{(k+1)}\right)-\min\limits_{x\in X_{k+1}}f_{0i}\left(x,\ y^{(k+1)}\right)}\right\}\ge 1-\frac{\max\limits_{x\in X_k}f_{0i}\left(x,\ y^{(k)}\right)-f_{0i}\left(x,\ y^{(k)}\right)}{\max\limits_{x\in X_k}f_{0i}\left(x,\ y^{(k)}\right)-\min\limits_{x\in X_{k+1}}f_{0i}\left(x,\ y^{(k)}\right)}$$

其中，$X_k=\left\{x\mid\left(x,\ y^{(k)}\right)\in X\right\}$，其余类推。

采用单层次的基于满意度的交互式算法求解上层决策问题，得解 $\bar{x}$。

步骤 4：令 $x^{(k+1)}=\bar{x}$，若上级决策者对 $\left(x^{(k+1)},\ y^{(k+1)}\right)$ 满意，则停止，$\left(x^{(k+1)},\ y^{(k+1)}\right)$ 即为原问题的满意解；否则置 $k=k+1$，转至步骤 2。

4.1.2.5　基于满意度的交互式迭代算法的多方案多目标决策评价模型

上面的基于满意度的多层次多目标决策方法的下层优化方案只有一个(下层决策者的目标函数的权重由上层决策者给定)，即具有最大综合目标满意度的那个方案。实际上，这种方法不利于交互式决策模式下的优化方案选择。为了生成不同的方案供决策者挑选，又引入了多维目标权重 λ，且各维权重之和为 1。这样，改变一组权重，在给定权重下可得到一个最优方案。这一部分的研究主要是针对某一个供水一级子系统内，有多个用水户，而且有多个社会、经济、生态环境目标的情况下，在上层预分水量确定情况下，如何通过不同用户之间的协调以达到多目标的满意，显然，这可以通过交互方式采用多方案比较的方法进行，每一轮方案的选择均是通过各用户(群体)综合满意度最大来确定的。这里，通过系统地生成权 λ 及反复筛选，可保证提供给决策者(群体)方案是均匀分布的目标空间的、非劣的、具有最大相互差异性的方案，并且还可保证每一轮生成的方案均是逐步收敛的。

交互式多目标决策方法的基本思想是：决策者通过交互口对满意度方法分析计算的首轮若干方案进行评估，从中挑出最满意的(相对于其他方案)，然后在"最满意"方案周围较小空间内再次生成若干方案，决策者再次评估挑选，直到最终决策者找到了满意解，决定停止迭代，或由于目标空间范围越来越小而导致算出的方案无明显差别为止。由以上思想构造的算法步骤如下。

步骤 1：求出理想判据向量 $F^*\in R^M$，确定迭代计算的次数 T、权空间的收敛因子 r 和每次迭代中给决策者提供的解的个数 P；

步骤 2：令 $\overline{\Lambda}^1=\left\{\lambda\in R^M\mid\lambda_i\in[0,1],\sum_{i=1}^{M}\lambda_i=1,\ \lambda=\lambda_1,\ \lambda_2,\cdots,\ \lambda_M\right\}$；

步骤 3：对下层目标函数方程做归一化处理；

步骤 4：令迭代次数计数器 $k=0$；

步骤 5：令 $k=k+1$；

步骤 6：在权空间 $\overline{\Lambda}^k$ 中随机生成 $50P$ 组权重，对其按照数据包络分析法、多元统计分析法、共享函数法等方法进行筛选，从 $\overline{\Lambda}^k$ 中产生一组最大分布的有代表性的 $2P$ 个权向量；

步骤 7：对 $2P$ 个权向量中的每个权向量，求解下层各子系统的最优化问题；

步骤 8：利用模型的主要指标，筛选 $2P$ 个非劣判据向量(解)，从中找出 P 个差别最大的方案，用此 P 组解尽可能地反映出多目标模型非劣解集的特性；

步骤 9：决策者根据其偏好，从 P 个非劣判据向量中选择其满意的非劣向量(解)，将其指定为 f^k；

步骤 10：由下式计算 λ^k 的各个分量

$$\lambda_i^k = \begin{cases} 1 & \text{如果} f_i^* = f_i^k \\ \dfrac{1}{(f_i^* - f_i^k)}\left[\sum_{i=1}^{M} \dfrac{1}{(f_i^* - f_i^k)}\right]^{-1} & \text{如果对所有 } i,\ f_i^* \neq f_i^k \\ 0 & \text{如果} f_i^* \neq f_i^k，\text{但存在 } j \text{ 使} f_i^* = f_i^k \end{cases}$$

步骤 11：如果 $k<T$，转至步骤 12，否则转至步骤 13；

步骤 12：定义

$$\bar{\Lambda}^{k+1} = \left\{ \lambda \in R^M \mid \lambda_i \in [\theta_i,\ \mu_i], \sum_{i=1}^{M} \lambda_i = 1 \right\}$$

其中：

$$[\theta_i,\ \mu_i] = \begin{cases} [0,\ r^k] & \left(\lambda_i^k - \dfrac{r^k}{2} \leq 0\right) \\ [1-r^k,\ 1] & \left(\lambda_i^k + \dfrac{r^k}{2} \geq 1\right) \\ \left[\lambda_i^k - \dfrac{r^k}{2},\ \lambda_i^k + \dfrac{r^k}{2}\right] & \text{其他} \end{cases}$$

r^k 表示 r 的 k 次方，转至步骤 5；

步骤 13：迭代结束，以 $\left(f^k,\ x^k\right)$ 为最终的最优解，输出计算结果。

4.2　跨流域调水工程方案选择排序的多目标决策模型

跨流域调水工程可获得巨大的综合经济效益，但同时由于规模大、梯级多、投资大、生效时间慢、工期长，或受国民经济与社会发展、水资源需求过程等条件制约，无力或无须一次建成而须分期建设，可见其开发程序问题是普遍存在的。

跨流域调水工程方案的选择包括方案选择与方案排序两个方面：①采用多目标模糊整数规划模型选择各调水工程方案；②在各调水工程方案选定的基础上，采用基于经济比较的开发次序研究的动态规划模型，对各独立开发方案进行排序研究。当然这里提出的开发方案选择的混合整数规划模型与动态规划模型也可同时研究方案选择与开发次序，这两类问题其实质也是方案的综合评价模型，那么如何结合实际，选择评价模型呢？这里也对其进行了讨论与研究。

4.2.1　基于多目标模糊整数规划的调水工程方案选择模型

跨流域调水工程方案的选择一般包括前后两个有机组成部分：

　　第一步，进行方案的综合评价，也即在充分分析方案本身的各个指标的基础上，将各待选方案的所要研究的指标通过一定的综合评价模型计算评价指标进行优劣排队，其目的是为进一步选择方案提供方案的信息；

　　第二步，是在第一步方案本身技术经济指标综合评价的基础上开展的，方案本身的综合评价指标值通常仅是选定方案的一部分因素，一般说来，在技术可行、经济合理情况下，只要工程建设是必要的均可兴建，但实际上方案的开发选定还必须考虑一些外部影响或约束，如方案投资要求、选择方案所能提供的资金、资源等约束，这就要求进一步研究在相应约束条件下方案的选择。综上所述，第一步可以理解为方案本身综合评价及其一定偏好准则下的排队（"无约束方案排队问题"），第二步是在第一步的基础上考虑外界条件影响和制约下研究方案的选定问题（"有约束方案选择问题"）。

　　尽管这两类问题均属多目标决策问题，然而对方案排序与选择的研究方法又是不尽相同的。第一步广义的"无约束方案排队问题"主要侧重于方案之间的相对优劣关系的判断，各方案之间并没有相互之间的制约关系，对其评判的依据主要侧重于对影响方案的各指标重要性的权衡，各方案可以理解为判断在给定的统一评判准则下模拟分析方案的优劣状态，该研究拟建立基于权重确定基础上的逼近于理想解的相对接近度的计算模型。第二步广义的"有约束方案选择问题"主要是在第一步研究的基础上，研究影响方案选择的内外部各因素之间的动态约束关系，主要是研究资源约束下的优化问题，这类方案优化工作由数学规划方法解决较为方便，尤其是运用算法成熟的混合整数规划方法研究更为有效，但考虑到问题的多目标属性及其约束或目标的模糊性，所以本文探讨应用多目标模糊混合整数规划模型解决这类问题。

4.2.1.1　规划调水方案逼近于理想方案的相对接近度的计算

　　逼近于理想解的排序方法是借助于多目标决策问题的"理想解"和"负理想解"去排序。采用理想解去求解多目标决策问题是一种非常有效的方法，但在使用时，还需要在目标空间中定义一测度去测量某个解靠近理想解和远离负理想解的程度。为此，采用另一个测度称为理想解的相对接近度去判断解的优劣。

　　推广到一般情况，设研究 n 个方案和 m 个属性(指标)的决策问题，采用欧几里得范数作为距离测度，则解 x^i 到理想解 x^* 距离为

$$S_i^* = \sqrt{\sum_{j=1}^{m} \omega_j^2 \cdot \left(x_{ij} - x_j^*\right)^2} \quad (i=1,\ 2,\ \cdots,\ n) \tag{4-17}$$

式中　　x_{ij}——解 x^i 的第 j 个分量，即第 j 个属性的规范化数值；

　　　　x_j^*——理想解 x^* 的第 j 个分量。

类似地，可定义解 x^i 对负理想解 x^- 的距离

$$S_i^- = \sqrt{\sum_{j=1}^{m} \omega_j^2 \cdot \left(x_{ij} - x_j^-\right)^2} \quad (i=1,\ 2,\ \cdots,\ n) \tag{4-18}$$

此外，还定义某一解 x^i 对理想解的相对接近度为

$$C_i^* = \frac{S_i^-}{S_i^* + S_i^-} \tag{4-19}$$

$$0 \leqslant C_i^* \leqslant 1, \quad i=1, 2, \cdots, n \tag{4-20}$$

因此，如 x^i 为理想解 x^*，则 $C_i^*=1$；如 x^i 为负理想解 x^-，则 $C_i^*=0$。一般解(方案) C_i^* 值为 $0\sim1$，C_i^* 值愈接近 1，则相应方案愈应排前。上面的理想解就是理想方案，其他解即是我们要研究的各调水方案。

4.2.1.2　跨流域调水工程方案优选的多目标模糊整数规划模型

普通整数规划的约束和目标函数概念都是清晰的，外延非常明确，而且总是在绝对接受约束前提下求解。而在方案选择中，常遇到的问题是约束或目标函数具有模糊性，这时就需要考虑其解在各种不同水平下接受约束(或目标)，则普通整数规划即模糊化成为模糊 0–1 整数规划。

在模糊整数规划中，多目标是常遇到的，这类问题的特点是：优选常涉及多个优化准则，使得要追求的最优目标常有多个，要同时使多个目标函数都达到最优值往往是不可能的，这就需要提出某种折中的方法，使各目标函数都相对地达到最优值。针对该问题，将多目标函数模糊化，从而导出一个新混合整数规划问题。

多目标模糊整数规划数学模型可表述为以下的矩阵形式：

$$\max(\min)S \cong Cx \tag{4-21}$$

$$Ax \underset{\sim}{<}(\underset{\sim}{>})B \quad (0 \leqslant x \leqslant 1) \tag{4-22}$$

式中　S——目标函数列矩阵。

　　　$\underset{\sim}{<}$—— 一种弹性约束，可读作"近似不大于"。

　　　A、C——约束条件系数、目标函数系数矩阵。

　　　B、x—— 资源向量、决策向量，决策分量取值为 0 或 1。

多目标模糊整数规划模型求解法如下。

1. 求解各目标函数最优值

对于每一个目标函数 $S_i = \sum_{i=1}^{m} c_{ij}x_j$ 在约束条件下可分别求其最优值：

$$S_i^* = \max\left\{ S_i \mid S_i = \sum_{j=1}^{m} c_{ij}x_j, \ Ax \underset{\sim}{<}(\underset{\sim}{>})b \right\} \tag{4-23}$$

其解法可参见有关文献，对于有些类型的约束条件也可以将模糊约束集合转化为普通约束集合。

这里的目标函数的目标可以选择工程方案的社会目标(比如缺水量最小)、经济目标(比如供水经济效益最大)、生态环境目标(比如地下水开采量最少)、投资最少、在一定资金下工程方案的选择数目最多等。另外，还考虑以上面分析计算的相对接近度为目标函数的价值系数，建立以选择的方案（群）相对接近度最大为准则的目标函数。

2. 建立模糊目标集的隶属函数

对于每一个最优值 S_i^*，根据研究问题的特点和要求，给出一个反映各目标重要性程度的伸缩性指标(敏感性指标)$d_i>0$，其值愈小目标函数 S_i 就愈重要，相应地可得到一个模糊目标集 $\underset{\sim}{G_i}$，其隶属函数为

$$u_{\underset{\sim}{G_i}}(x) = g_i(\sum_{j=1}^{m} c_{ij}x_j) = \begin{cases} 0 & \left(\sum_{j=1}^{m} c_{ij}x_j < S_i^* - d_i\right) \\ 1 - \dfrac{1}{d_i}\left(S_i - \sum_{j=1}^{m} c_{ij}x_j\right) & \left(S_i^* - d_i \leqslant \sum_{j=1}^{m} c_{ij}x_j < S_i^*\right) \\ 1 & \left(S_i^* \leqslant \sum_{j=1}^{m} c_{ij}x_j\right) \end{cases} \tag{4-24}$$

记 $\underset{\sim}{G} = \underset{\sim}{G_1} \cap \underset{\sim}{G_2} \cap \underset{\sim}{G_3} \cap \cdots \cap \underset{\sim}{G_r}$ 是对应于多目标函数模糊化后的模糊目标集。

3. 建立模糊约束的隶属函数

模糊约束的隶属函数定义为

$$\mu_{\underset{\sim}{A_i}}(X) = \begin{cases} 1 & \left(\sum_{j=1}^{m} a_{ij}x_j \leqslant b_i\right) \\ 1 - \dfrac{1}{dd_i}\left(\sum_{j=1}^{m} a_{ij}x_j - b_i\right) & \left(b_i < \sum_{j=1}^{m} a_{ij}x_j \leqslant b_i + dd_i, \ i=1,2,\cdots,\ n\right) \\ 0 & \left(\sum_{j=1}^{m} a_{ij}x_j > b_i + dd_i\right) \end{cases} \tag{4-25}$$

其中，b_i、$dd_i(i=1, 2, \cdots, n)$分别为约束界限、约束条件的最大允许偏差。

记 $\underset{\sim}{A} = \underset{\sim}{A_1} \cap \underset{\sim}{A_2} \cap \underset{\sim}{A_3} \cap \cdots \cap \underset{\sim}{A_n}$ 是对应于约束模糊化后的模糊约束集。

4. 确定模糊判决集

取模糊约束集 $\underset{\sim}{A}$ 与模糊多目标集 $\underset{\sim}{G}$ 的交集 $\underset{\sim}{D} = \underset{\sim}{A} \cap \underset{\sim}{G}$ 作为模糊判决集。

5. 求模糊最优解

按照最大隶属度原则，求 $x^* \in x$，使得

$$u_{\underset{\sim}{D}}(x^*) = \max_{x \in X}\left[u_{\underset{\sim}{A}}(x) \wedge u_{\underset{\sim}{G}}(x)\right] \tag{4-26}$$

则 $x^* \in$ 就是多目标函数在模糊约束条件下的模糊最优解。

为了便于求解上述多目标模糊整数规划问题的模糊最优解，可以按下列方法将模糊整数规划问题转化成为普通的整数规划问题。由上式得：

$$u_{\underset{\sim}{D}}(x^*) = \max_{x \in X}\left[u_{\underset{\sim}{A}}(x) \wedge u_{\underset{\sim}{G}}(x)\right] = \max\left[\lambda \mid u_{\underset{\sim}{A}}(x) \geqslant \lambda, \ u_{\underset{\sim}{G}}(x) \geqslant \lambda; \ \lambda>0\right] \tag{4-27}$$

将λ看做变量，转化为求解满足上述要求的使得λ极大化的问题，从而导出一个新的普通整数规划问题：

在约束为

$$
\begin{cases}
1 - \dfrac{1}{d_k}\left(S_k^* - \displaystyle\sum_{j=1}^{m} c_{kj} x_j\right) \geqslant \lambda \\[3mm]
1 - \dfrac{1}{dd_i}\left(\displaystyle\sum_{j=1}^{m} a_{ij} x_j - b_i\right) \geqslant \lambda \\[3mm]
x_i \text{取0或1的整数，} \lambda \geqslant 0 \\[1mm]
i = 1,2,\cdots,\ n;\quad k = 1,2,\cdots,\ r
\end{cases}
\tag{4-28}
$$

的条件下，求

$$
\lambda^* = \max(\lambda)
$$

用分枝定界解法、割平面解法、隐枚举法等可求解出其最优解

$$
\left\{x_1^*,\ x_2^*,\cdots,\ x_m^*,\ \lambda^*\right\}
$$

4.2.2　基于经济比较的开发次序研究的动态规划模型

4.2.2.1　方案经济比较方法

方案经济比较方法有经济净现值法、费用现值法、效益现值法、差额投资经济内部收益率法。上面四种经济优选方法分为两大类：第一类指前三种方法，它们是采用国民经济评价的绝对指标来分析优选方案；第二类就是差额投资经济内部收益率法，它是采用相对经济评价指标来分析优选方案。考虑跨流域调水工程开发次序研究属相互联系的多阶段决策问题，为此结合上述两类方法分别建立两种动态规划模型研究该问题：多准则决策的水资源系统水量扩展动态规划模型；基于差额投资经济内部收益率计算的经济优选动态规划模型。

下面的研究以 D 调水工程选择的开发方案 d、Y 调水工程选择的开发方案 y、T 调水工程选择的开发方案 t 共三个调水方案进行开发程序研究模型的建立。

4.2.2.2　多准则决策的水资源系统水量扩展动态规划模型

以跨流域调水工程规划方案开始实施的时间为起点，以规划方案全面建成的远景为终点，所形成的水资源系统的开发过渡期是开发次序模型的方案优选分析期，根据这一时期内流域水量需求的逐步增长过程，寻求一种满足需求的最佳开发次序。建立多准则决策的水资源系统水量扩展动态规划模型研究调水方案开发次序。

1. 目标函数

$$
F = \max\left\{\left[\alpha_1 \cdot \left(K_{di} \cdot BP_{di} + K_{yj} \cdot BP_{yj} + K_{tk} \cdot BP_{tk}\right)\right] + \left[\alpha_2 \cdot \left(K_{di} \cdot CP_{di} + K_{yj} \cdot CP_{yj} + K_{tk} \cdot CP_{tk}\right)\right]\right\}
\tag{4-29}
$$

式中　F——研究目标值，它是效益现值 BP、费用现值 CP、乐观系数 α_1、悲观系数 α_2 的函数，这里指在某一条件(目标或准则)下使其值最大，如可以是效益现值最大、经济净现值最大或费用现值最大(这里费用值乘以-1，为其逆运算，与费用现值最小结论具有一致性)；

α_1、α_2——乐观系数、悲观系数。一般而言，$\alpha_1+\alpha_2=1$，也就是说，二者具有某一常数数值上的互补性，但也可以视研究问题的需要，用其他常数数值(如数值2)来代表常数 1，这时只要二者之和为这一常数数值即可；

K_{di}、K_{yj}、K_{tk}——d、y、t 三方案在 i、j、k 期开发与否的系数，当方案开发时该系

数为 1，否则为 0；

BP_{di}、CP_{di}——D 调水工程开发方案 d 相应于 i 期开发的效益现值和费用现值。

BP_{yj}、CP_{yj}——Y 调水工程开发方案 y 相应于 j 期开发的效益现值和费用现值。

BP_{tk}、CP_{tk}——T 调水工程开发方案 t 相应于 k 期开发的效益现值和费用现值。

i、j、k——D、Y、T 调水工程开发方案的开发期，i、j、$k \in \{1、2、3\}$，且 $i \neq j \neq k$。

目标函数中收益是效益现值，费用是费用现值(乘于 –1)，乐观是对效益而言的，悲观是对费用来说的。当按经济净现值最大为目标(准则)时，$\alpha_1=1$、$\alpha_2=1$；当按经济效益现值最大为目标(准则)时，$\alpha_1=1$、$\alpha_2=0$；当按费用现值最小为目标(准则)时，$\alpha_1=0$、$\alpha_2=1$。

2. 约束条件

模型的主要约束条件有：国民经济和社会发展对调水方案的要求、调水量、工程规模、投资、变量非负、工程最早(晚)可能投产时间等。

3. 其他

阶段、决策变量、状态变量等按照前面动态规划有关介绍确定，递推方程按照 Bellman 的优化原理，采用前向递推法建立并求解动态规划顺时序递推方程。

4.2.2.3 基于差额投资经济内部收益率计算的经济优选动态规划模型

方案经济优选比较之所以不采用经济内部收益率，是因为经济内部收益率指标有时可能会与经济净现值发生矛盾，而差额投资经济内部收益率则与经济净现值保持一致。差额投资经济内部收益率法是一种方案经济优选比较方法，它是通过计算两个投资费用不相等方案的差额部分的经济内部收益率来比较两个方案的优劣。多个方案进行经济比较时，先按投资费用由小到大排序，再依次就相邻方案两两比较，从中选出经济最优方案。进行方案比较时，将计算的差额投资经济内部收益率与社会折现率 i_s 进行对比，当 $\Delta EIRR \geq i_s$ 时，以投资费用大的方案为优；反之，投资费用小的方案为优。

1. 目标函数

结合开发次序研究及方案经济比较具有多阶段决策的属性，这里建立基于差额投资经济内部收益率计算的经济优选动态规划模型，其计算模型表达式如下：

$$
\begin{cases}
\displaystyle\sum_{t=1}^{n} \left\{ \sum_{x\in\{D、Y、T\},\, i\in\{1,2,3\}} \left[K_{2xi} \cdot (B-C)_{2xi} \right] - \sum_{y\in\{D、Y、T\},\, j\in\{1,2,3\}} \left[K_{1yj} \cdot (B-C)_{1yj} \right] \right\}_t (1+\Delta EIRR)^{-t} = 0 \\[4mm]
\text{if } (\Delta EIRR > i_s) \quad \text{then } \text{投资费用大的方案经济上较优} \\[2mm]
\text{if } (\Delta EIRR < i_s) \quad \text{then } \text{投资费用小的方案经济上较优}
\end{cases}
\tag{4-30}
$$

式中　D、Y、T——D、Y、T 的研究方案。

$x \in \{D、Y、T\}$ 表示投资(费用)大的方案组，方案组中可以为单个方案，如 $x=\{D\}$、$x=\{Y\}$、$x=\{T\}$；也可以表示为两个有序的方案组合，如 $x=\{D、Y\}$、$x=\{Y、D\}$；当然也可以表示为三个有序的方案组合，如 $x=\{D、Y、T\}$、$x=\{Y、D、T\}$。同理可知 $y \in \{D、Y、T\}$ 的含义。$i \in \{1,2,3\}$ 表示投资(费用)大的方案组的各方案的开发期，如 $i=1$ 表示在第一期开发。同理可知 $j \in \{1,2,3\}$ 的含义。k_{2xi} 表示投资(费用)大的方案组中的方

案 x 在第 i 期开发与否的状态，$k_{2xi}=0$，表示不开发；$k_{2xi}=1$，表示开发。k_{1yj} 表示投资(费用)小的方案组中的方案 y 在第 i 期开发与否的状态，$k_{1yj}=0$，表示不开发；$k_{1yj}=1$，表示开发。$(B-C)_{2xi}$ 表示投资(费用)大的方案组中方案年净效益流量。$(B-C)_{1yj}$ 表示投资(费用)小的方案组中方案年净效益流量。$\Delta EIRR$ 为差额投资经济内部收益率。i_s 为社会折现率。n 为经济计算期。

2. 约束条件

模型主要约束条件有：国民经济和社会发展对调水方案的要求、调水量、工程规模、投资、变量非负、工程最早(晚)可能投产时间等。

3. 其他

阶段、决策变量、状态变量、递推方程等与"多准则决策的水资源系统水量扩展动态规划模型"部分相同。

第 5 章　水资源规划多目标风险决策理论与模型

5.1　水资源规划风险决策理论基础

　　水资源系统风险分析研究已比较广泛，但尚没有形成完整的理论体系，尤其是对水资源系统决策中的风险研究还不够深入。本次主要围绕水资源系统的管理和决策，引用有关原理与文献研究成果，对水资源规划系统的风险及风险决策、随机与模糊耦合环境下的水资源规划决策系统、基于随机模拟的风险分析、基于模糊模拟的风险分析等风险决策的理论与方法进行引入性介绍。

5.1.1　水资源规划系统的风险及风险决策

5.1.1.1　风险分析概论

　　1. 风险概念

　　风险的几种常用定义：风险是产生损失的可能性；是产生损失的不确定性；指事件发生的后果与预期后果存在某种程度背离的机会；是可测算的不确定性；是指一定时空条件下发生的非期望事件；是关于不愿发生的事件发生的不确定性之客观体现；是在特定环境中和特定期间内自然存在的导致经济损失的变化；是指决策面临的状态为不确定性产生的结果。

　　综上所述，风险一词包括了两方面的含义：其一，意味着出现了损失，或者是未实现预期的目标值；其二，这种损失出现与否是一种不确定性现象，它可用概率表示出现的可能程度，不能对出现与否作出确定性判断。结合上述常见的风险定义，确定本次研究中风险的定义：在一定客观条件下，特定时间内，非期望的可能发生的事件称为风险事件，风险事件发生概率称为风险率，风险是风险率和风险事件的函数。如果用 R 表示风险，P 为风险率，C 为风险事件后果，则其函数式可以表示为 $R = f(P,C)$。归纳起来，以下几个方面是风险的主要特征：客观存在性、不确定性、可评估性、损失性等。

　　2. 风险分析概念

　　风险分析是对人类社会中存在的各种风险进行识别、估计、评价，并在此基础上优化组合各种风险管理技术，作出风险决策。风险分析的目的在于以最少的成本实现最大安全保障的效能，能否实现这个目的，不仅取决于决策前识别、估计、评价风险是否正确，而且还取决于选择的最佳风险管理技术组合。

　　3. 风险决策概念

　　系统决策按其所处状态环境可分为确定型决策和不确定型决策。根据对未来状态环境的可知程度，又可将不确定性决策分为两类：风险型决策，未来状态发生的概率分布可以依据经验和历史资料合理估计；完全不确定型决策，不仅未来状态发生是不确定的，而且未来状态发生概率分布由于缺乏经验和资料也是不可知的，无法客观估计。

5.1.1.2　风险分析内容

风险分析主要包括风险发生可能性和产生后果两方面，其具体内容主要包括风险辨识、风险估计、风险评价、风险处理、风险决策五个具有逻辑联系的方面。

(1)风险辨识。风险辨识就是从系统的观点出发，横观研究问题所涉及的各个方面，纵观研究对象的发展过程，将引起风险的极其复杂的事物分解成比较简单的、容易被认识的基本单元。也就是分析：在投入与产出过程中有哪些风险应当考虑，引起这些风险的主要因素是什么，这些风险的后果及其严重程度如何。

(2)风险估计。风险估计是在风险辨识基础上，通过收集的大量损失资料加以分析，运用概率论和数理统计方法，对风险发生概率及其后果作出定量估计。

(3)风险评价。风险评价是根据风险估计得出的风险发生概率和损失后果，把这两个因素结合起来考虑，用某一指标决定其大小，如期望值、标准差、风险度等。

(4)风险处理。风险处理就是根据风险评价结果，选择风险管理技术，以实现风险分析目标。

(5)风险决策。风险决策是风险分析中的一个重要阶段。风险决策从宏观上讲是整个风险分析活动的计划和安排；从微观上讲是运用科学的决策理论和方法来选择风险处理的最佳手段。

5.1.1.3　风险辨识

由于水资源系统涉及面广，影响因素较多，辨识其风险因素，就是要尽可能地找出存在的各种风险因素，然后再根据这些风险因素对系统的影响程度，找出一些主要风险因子。风险识别是指对尚未发生的、潜在的以及客观存在的各种风险进行系统地、连续地识别和归类，并分析风险事故产生原因。

风险辨识方法很多，常用的有十种：专家调查法、故障树分析法(FAT法)、幕景分析法、层次分解法、图形法(流程图法、排列图和因果图)、聚类分析法、投入产出分析法、相关与回归分析法、敏感性分析法、影响图法。前五种方法可以看成是风险因素定性方法，后面五种可以看成是在普遍风险因素辨识基础上，通过定量分析，找出主要风险因素，为进一步进行风险估计奠定基础。

风险辨识从某种角度来说是一种分类过程，就是将水资源系统中可能存在的风险因素按其对研究指标或目标的影响程度和可能发生的几率进行分类。在辨识过程中，实际上对各种风险因素按概率大小和后果严重程度进行分类。对指标影响较大，出现机会较多的因素量化。水资源系统的复杂性决定了其不确定性因素辨识常常是多种方法的综合运用。

5.1.1.4　风险估计

风险估计就是对风险进行量测，风险估计回答的问题是：风险有多大，风险发生的概率及其后果的性质是什么。

为了给未来可能发生的风险估计提供可靠依据，需要调查、收集历史上发生的有关该类风险事件资料数据，以便估计风险，数据资料应满足三个方面要求：可靠性与合理性、完整性与代表性、一致性。估计风险，若以实际资料、数据为依据，估计成果是客观的，故称为客观估计。水资源决策系统不确定性因素众多，变化规律复杂，若不能根据实际资料定量估计风险，可以采用主观估计法进行定量估计。

风险变量的概率分析主要包括风险变量的概率估计，给出风险出现大小及其可能性。风险估计中常用的概率分布有阶梯长方形分布、梯形分布、三角形分布、理论概率分布。在实际研究中，常将统计概率、主观概率和理论概率分布结合使用，如首先用主观概率确定一两个参数，再用理论概率分布来描述整个过程等。

风险估计常见的方法有二阶矩法、随机模拟法、统计参数解析法、最大熵法等。随机模拟法，是在各风险变量之间存在着比较复杂的影响机制，不容易确切估计和确定其分布线型与参数、不容易集中考虑各种变量存在相关影响时，采用随机模拟的方法，获得某些决策指标的随机变化信息，是水资源系统风险分析比较好的方法。风险估计方法还有重现期法、非参数核估计方法、统计样条法、极端事件风险估计法、风险报酬法、风险当量法、外推法(前推法、后推法、旁推法)、多项目风险组合分散法等。

5.1.1.5　风险评价

风险评价要回答这些问题：风险的意义是什么，它的影响是什么，应当如何对待，它对决策的影响是什么。风险评价有四个目的：对系统诸风险进行比较和评价，确定它们的先后顺序；风险评价就是要从系统整体出发，弄清各风险事件之间确切的因果关系；考虑各种不同风险之间相互转化的条件，研究如何才能化风险为机会；进一步量化已识别风险的发生概率和后果，减少风险发生概率和后果估计中的不确定性。

风险评价的主要方法有完全回避风险法、权衡风险法、减少风险的费用—效益分析、可靠性风险评价方法、定性风险评价、模糊综合评价法、风险评价的综合分析方法等。

5.1.1.6　风险决策

信息是决策的基础，人们在生产实践中无不进行决策，而且在决策中所利用的信息严格说来均为不完全信息，在不完全信息条件下的决策即为风险决策。也就是说，在不完全信息条件下进行的决策必然给决策者带来某种程度的风险。不确定型风险决策与风险决策密切相关，这里也介绍一下不确定型决策方法。

实际水资源系统决策问题中，有时很难估计事件发生的概率，只对风险后果有所估计，这种情况下的决策称为不确定型决策，常用决策方法有极大极小准则或极小极大准则、极大极大准则或极小极小准则、等概率准则、加权系数准则、机会损失值最小准则等。

风险决策是介于确定性与不确定性之间的一种决策方式，是决策者根据几种不同自然状态可能发生的概率所进行的决策。风险型决策一般要具备以下五个条件：存在着决策者希望达到的一个或一个以上的明确目标；存在着决策者可以主动选择的两个以上行动方案，即存在两个以上决策变量；存在着不以决策者主观愿望为转移的两个以上客观自然状态，即存在两种以上的状态变量；存在着可以具体计算的不同行动方案在不同自然状态下的损益值；存在着决策者可以根据有关资料事先估计或计算的各种自然状态将会出现的概率。

常用的风险型决策方法有以下几种：期望值法、均值—方差两目标法、机会损失期望值法、极小化风险率法、极大化希望水平法、贝叶斯风险决策、期望效用决策、风险型动态决策、模糊风险决策、多目标风险型决策方法等。

5.1.2　随机与模糊耦合环境下的水资源规划决策系统

5.1.2.1　不确定规划问题

水资源优化配置决策经常遇到两类不确定性现象：一类是随机现象，另一类是模糊现象。描述随机现象的量称为随机变量，而描述模糊现象的量称为模糊变量。为了方便，把二者分别称为随机参数和模糊参数。含有随机和模糊参数的数学规划分别称为随机规划和模糊规划。随机性和模糊性都是用来处理不确定性的，将随机规划和模糊规划统称为不确定规划。

对于随机规划问题中所出现的随机变量，管理目的和技术要求不同，采用方法自然也不同。第一类处理随机规划中随机变量的方法是所谓的期望值模型，即一种在期望值约束下，使目标函数的概率期望达到最优的模型，从而把随机规划转化为一个确定的数学规划，但多了几个多重积分。

第二类方法是机会约束规划，主要针对约束条件中含有随机变量，且必须在观测到随机变量的实现之前作出决策的情况。考虑到所作决策在不利情况发生时可能不满足约束条件，而采用一种原则，即允许所作决策在一定程度上不满足约束条件，但该决策应使约束条件成立的概率不小于某一置信水平 α。

对于处理含有模糊参数的最优化问题，模糊数学规划提供了有力的方法。沿用随机规划中的机会约束规划思想，在模糊环境中，假定模糊约束成立的可能性不小于置信水平 α，这样可以得到模糊机会约束规划。虽然一些机会约束可转化为清晰等价类，但这仍然只能解决一些特殊模糊规划。然而，随着计算机飞速发展和新算法的不断涌现，要求讨论一般模糊机会约束规划以及机会约束多目标规划。

5.1.2.2　模糊随机系统

大量实际问题都涉及对受环境不确定性干扰的系统的分析和设计，这类不确定性干扰可由不同的源产生。一种干扰源是由于条件不充分，使得在条件与事件之间不能出现确定性因果关系，从而在事件的出现与否上表现出的不确定性，这种不确定性称为随机性。另一种干扰源是事物的差异在中间过渡时所呈现的亦此亦彼性，这种不确定性称为模糊性。第三种干扰源是模糊性干扰和随机性干扰同时作用于系统时所产生的不确定性，这种不确定性称为模糊随机性。在对这种受不确定性因素激励的动态系统或随时间变化的过程进行现实的分析和设计时，正确地处理这些不确定性因素和信息，显然具有非常重要的理论和实际意义。

众所周知，概率论的产生把数学应用范围从必然现象扩大到偶然现象的领域，模糊数学的产生则提供了把数学的应用范围从精确现象扩大到模糊现象的可能性。将概率论与模糊数学结合起来，同时处理随机性和模糊性，这是近年来概率论与模糊数学发展的一个新动向。

经典可靠性理论以概率(Probability)假设和二态(Binary state)假设为基础，在许多实际问题中是不可接受的，这些假设需要分别用可能性(Possibility)假设、模糊概率(Fuzzy

Probability)假设和模糊状态(Fuzzy State)假设来代替,这样一来就产生了一种新的风险(或可靠性)理论——"模糊随机风险(或可靠性)理论"。它或者基于概率假设与模糊状态假设,或者基于可能性假设与二态假设,或者基于可能性假设与模糊状态假设,或者基于模糊状态概率假设与二态假设,或者基于模糊概率假设与模糊状态假设。

由上面的分析可以看出建立基于模糊随机系统的风险分析与风险决策模型的必要性,为了更好地建立该模型,首先引入基于随机模拟、基于模糊模拟的风险分析技术,然后在此基础上,构建基于随机与模糊环境的风险决策模型。

5.1.3　基于随机模拟的风险分析

5.1.3.1　蒙特卡罗随机模拟法

一般的水资源优化配置问题,基本方案是通过优化模型完成的。尽管在模型设计过程中,尽量使其能够反映实际情况,但水资源的开发利用与保护管理是一项长期的任务,在长期的发展过程中,有许多不确定性因素(社会、经济发展变化,天然来水随机性等)难以在模型中确切表示,水资源决策会同时涉及风险与不确定性。分配方案则会由于这些不确定性因素的影响而产生一定的风险。常规的风险分析方法难以解决这类复杂系统的风险分析问题,而采用蒙特卡罗法可将风险信息找出来,为决策提供依据。

蒙特卡罗 (Monte-Carlo 法)又称统计试验法或随机模拟法。该法是一种通过对随机变量的统计试验、随机模拟求解数学和工程技术问题近似解的数学方法,其特点是用数学方法在计算机上模拟实际概率过程,然后加以统计处理。

假定函数

$$Y = f(X_1, \ X_2, \cdots, \ X_n) \tag{5-1}$$

式中:变量 X_1、X_2、$\cdots$、X_n 的概率分布已知。但在实际问题中,$f(X_1, \ X_2, \ \cdots, \ X_n)$往往是未知的,或者是一非常复杂的函数关系式,一般难以用解析法求解有关 Y 的概率分布及其数字特征。蒙特卡罗法利用一个随机数发生器通过直接或间接抽样取出每一组随机变量$(X_1, \ X_2, \ \cdots, \ X_n)$的值$(x_{1i}, \ x_{2i}, \ \cdots, \ x_{ni})$,然后按 Y 对于 X_1、X_2、$\cdots$、X_n 的关系式确定函数 Y 的值 y_i

$$y_i = f(x_{1i}, \ x_{2i}, \cdots, \ x_{ni}) \tag{5-2}$$

反复独立抽样(模拟)多次($i = 1,2,\cdots$),便可得到函数 Y 的一批抽样数据 y_1, y_2, $\cdots$, y_n,当模拟次数足够多时,便可给出与实际情况相近的函数 Y 的概率分布及其数字特征。

蒙特卡罗法的模拟步骤如下:确定输入变量及其概率分布(对于未来事件,通常用主观概率估计);通过模拟试验,独立地随机抽取各输入变量的值,并使所抽取的随机数值符合既定的概率分布;建立数学模型,按照研究目的编制程序计算各输出变量;确定试验(模拟)次数以满足预定的精度要求,以逐渐积累的较大样本来模拟输出函数的概率分布。通过上述计算过程,虽然产生的是数值样本却可以与其他的统计样本一样进行统计处理。一般情况下,Y 的分布形式受最起控制作用的基本变量的概率分布形式控制。

5.1.3.2　机会约束的随机风险决策模型

机会约束规划主要针对约束条件中含有随机变(向)量，且必须在观测到随机变(向)量的实现之前作出决策的情况。考虑到所作决策在不利情况发生时可能不满足约束条件，而采取一种原则：允许所作决策在一定程度上不满足约束条件，但该决策应使约束条件成立的概率不小于某一置信水平 α。

求解机会约束规划的传统方法是根据事先给定的置信水平，将机会约束转化为各自的确定性等价类，然后用传统方法求解其等价确定性模型。对一些特殊情况，机会约束规划问题确实可以转化为确定性数学规划、决策问题，但对像水资源优化配置这类较复杂的机会约束规划问题通常很难做到这一点。然而，随着计算机的高速发展，一些新算法，如遗传算法的提出，使得这类复杂的机会约束规划可以不必转化为确定性规划而直接得到解决。

多目标机会约束规划可以表示成如下形式：

$$
\begin{cases}
\max\left(\overline{f}_1, \overline{f}_2, \cdots, \overline{f}_m\right) \\
\text{s.t.} \\
\quad \mathrm{Pro}\left\{ f_i(x, \ \xi) \geq \overline{f}_i \right\} \geq \beta_i \quad (i=1,2,\cdots,m) \\
\quad \mathrm{Pro}\left\{ g_j(x, \ \xi) \leq 0 \right\} \geq \alpha_j \quad (j=1,2,\cdots,p)
\end{cases}
\tag{5-3}
$$

式中　α_j、β_i——第 j 个约束和第 i 个目标函数的置信水平；

　　　$\overline{f}_i$——目标函数 $f_i(x, \ \xi)$ 在概率水平至少为 β_i 时所取的最大值。

5.1.4　基于模糊模拟的风险分析

类似于含有随机参数的机会约束决策的思想，在模糊决策系统中假设约束成立的可能性至少是 α，而这里机会的意思表示约束得到满足的可能性。一般复杂系统，难以转化为各自清晰等价类的机会约束，通常采用模糊模拟技术。

5.1.4.1　单目标机会约束的风险决策模型

有模糊参数的决策问题可以写成如下形式

$$
\begin{cases}
\max f(x, \ \tilde{\xi}) \\
\text{s.t.} \\
\quad g_j(x, \ \tilde{\xi}) \leq 0 \quad (j=1,2,\cdots, \ p)
\end{cases}
\tag{5-4}
$$

式中　x——决策向量；

　　　$\tilde{\xi}$——模糊参数向量，$f(x, \ \tilde{\xi})$ 是目标函数；

　　　$g_j(x, \ \tilde{\xi})$——约束函数。

$\tilde{\xi}$ 为模糊参数向量而导致目标函数求极大以及约束没有传统的实际意义。因此，必须考虑其他一些有意义的模糊决策形式，类似带有随机参数的机会约束决策思想，研究带有模糊参数的机会约束决策的理论框架，带有模糊参数的单目标机会约束决策可以表

示成如下形式

$$
\begin{cases}
\max \overline{f} \\
\text{s.t.} \\
\quad \text{Pos}\{f(x,\ \tilde{\xi}) \geq \overline{f}\} \geq \beta \\
\quad \text{Pos}\{g_j(x,\ \tilde{\xi}) \leq 0\} \geq \alpha \quad (j=1,2,\cdots,\ p)
\end{cases}
\tag{5-5}
$$

式中　　α、β——事先给定的对约束和目标的置信水平；

　　　　$\text{Pos}\{\cdot\}$——$\{\cdot\}$中事件的可能性。

　　一个点 x 是可行的当且仅当集合 $\{\xi | g_j(x,\ \tilde{\xi}) \leq 0\}$ 的可能性至少是 α，对任意给定的决策 x，$f(x,\ \xi)$ 显然是一个模糊数，这样存在有多个可能的 $\overline{f}$ 使得 $\text{Pos}\{f(x,\ \tilde{\xi}) \geq \overline{f}\} \geq \beta$。现在目的是极大化目标值 $\overline{f}$，因此目标值 $\overline{f}$ 应该是目标函数 $f(x,\ \xi)$ 在置信水平 β 下所取得的最大值，即

$$
\overline{f} = \max_{f} \{f \,|\, \text{Pos}\{f(x,\ \tilde{\xi}) \geq f\} \geq \beta\}
\tag{5-6}
$$

5.1.4.2　多目标机会约束风险决策模型

　　作为含有模糊参数的单目标机会约束决策的推广，机会约束多目标决策可以写成如下形式：

$$
\begin{cases}
\max \ [\overline{f_1}, \overline{f_2}, \cdots, \overline{f_m}] \\
\text{s.t.} \\
\quad \text{Pos}\{f_i(x,\ \tilde{\xi}) \geq \overline{f_i}\} \geq \beta_i \quad (i=1,2,\cdots,\ m) \\
\quad \text{Pos}\{g_j(x,\ \tilde{\xi}) \leq 0\} \geq a_j \quad (j=1,2,\cdots,\ p)
\end{cases}
\tag{5-7}
$$

式中　　β_i——第 i 目标的置信水平；

　　　　目标值 $\overline{f_i}$ $j=1,2,\cdots,\ p$ 目标函数 $f_i(x,\ \xi)$ 在可能性至少为 β_i 时所取得的最大值。

5.2　基于模糊与随机的调水量优化配置多目标风险决策模型

5.2.1　随机环境与模糊环境耦合下的水资源规划问题

　　由前面的介绍，在跨流域调水工程水量优化配置决策系统中，这个系统通常具有多维性、多样性、多功能性和多准则性，实际上在水资源优化配置系统中，随机环境与模糊环境同时耦合存在于水资源优化配置决策系统中，在水资源优化配置系统耦合体中包含水资源系统(水供给侧)和社会经济系统(水需求侧)，其中随机参数与模糊参数往往是同时存在的。因此，有必要研究这两种不同性质的不确定环境共存的多目标风险决策问题。

5.2.1.1　水资源系统的随机不确定性决策环境

　　水文现象作为一种自然现象可纳入两个基本范畴：一个是必然现象，也就是在某种条件下必然出现的现象；另一个是随机现象，也就是在重复试验中，有时出现有时不出现的现象。某一水文现象(如径流、洪水)的发生是众多因素综合影响的结果，也就是说，

水文现象与其影响因素之间存在着内在的联系,通过观测资料和试验资料的研究分析,有可能建立水文现象与其影响因素之间的数学物理方程。考虑任一水文现象的形成过程都是极其复杂的,虽然影响水文情势的因素有其必然的联系,但这种联系是极其错综复杂的,采用成因分析法处理是非常困难的,同时考虑其存在着一定的不确定因素。因此,可采用数理统计法去推断水文现象的统计规律。比如对径流作出概率预估,可采用数理统计学方法由水文随机现象的一部分实测资料去研究全体现象的数量特征和规律。水资源系统本身的水资源量,由于一般都积累了大量的系列资料,一般来说,水资源演化机理、下垫面、气候条件等在相对较长的样本采集期内,也不会发生较大的变化。因此,这些水文现象具有相同的成因机制,可以在对径流系列进行可靠性、一致性和代表性审查的基础上,采用获得的样本资料,将其按照随机变量来处理,研究其随机特性,分析其概率密度函数,这样水资源系统供给侧表现出了随机不确定性环境。

5.2.1.2　社会经济系统的模糊不确定性决策环境

由水资源调控运筹过程可知,水资源优化配置问题耦合体的另外一方,是社会经济与生态环境,它们决定了水资源优化配置的另一方——需求侧。各部门的需水量,如工业、生活、农业、生态环境的需水,这些数据的变化规律不是简单地按照过去的需求能够直接确定的,尤其是在缺水严重的情况下,水量的需求(预测)往往要考虑社会经济变化的方方面面,如产业布局、产业结构、产业规模、区域发展目标等方面的调整。按照西方经济学的发展经济学观点,经济增长意味着经济结构的全面转变,在这种情况下,未来的序列年的水量需求与其社会经济方面影响因素的(隐)函数关系与过去系列年的关系相比将存在很大差异,而且从成因上来看,二者之间的对应法则和作用机制关系发生了实质性变化,如果再简单按照过去序列年样本资料去推求未来水量需求,这将会造成很大的误差甚至引起错误。

传统的"以需定供"与"以供定需"的水资源优化配置模式均有其局限性。目前,基于宏观经济的水资源优化配置是合理的方法,其核心思想是,将水资源的需求与供给联系起来考虑问题,将与需水相联系的宏观经济系统和与供水相联系的水资源系统联系起来考虑问题,将影响需水、供水与水质这三大方面的主要影响因素均作为内生变量处理,在各个规划水平年均尽量保持需水变量和供水变量的动态平衡。当经济发展对水的需求过旺时,则由平衡关系可知供水量也要较快增长;而这一较快的供水增长又势必要求水投资在总投资中占有更大的份额,从而迫使经济发展的速度、结构、节水水平和污水处理回用水平等都要与水资源开发利用的程度及难度相互适应。在水资源配置问题中同时考虑对需水的控制以及需水与供水的相互作用。在进行需水预测时除要考虑水资源的需求水平与供给水平要相互适应外,还要考虑各经济部门间的相互制约关系。由于部门间存在的技术经济联系(投入产出关系),一个部门的增长快慢不仅取决于其本身,还取决于相关的上下游产业的发展,即以其上游产业部门的产品作为其本身生产过程的中间投入,而本部门的产品也将有一部分作为其各个卜游产业部门的中间投入。这一事实进一步说明了传统的简单假定经济规模翻番或简单地设定总发展速度的方式已不适应需水预测的要求,同时也还说明了与区域水资源规划有关的城市生活与工业供水、农业灌溉等均是有内在联系的,忽略这种内在联系会使得规划中所涉及的各类发展指标不相协调,从而减弱了需水预测的可靠性及相应专业规划的可行性。由此看来，因经济结构调整及经济发展过程中的动态平衡制约关系，我们不能简单地将需水量与社会经济建立统计随机关系，因此要求采用新思路与处理法来研究需水预测中的不确定性问题。

　　在实际的水资源需求预测中，往往也是在考虑了经济发展速度、人口增长等各部门趋势变化的不确定性的基础上采用情景分析法，而情景分析预测水资源需求量大致又可以分为两大类：一类是对未来某一规划水平年(比如 2020 年，某种状态)的描述预测；另一类是对未来某一规划期间(比如 2020～2030 年，一个发展过程)的描述性预测，这种方法也就是请预测人员提出最好的、最可能的、最坏的不同发展情况下的三种情景，也就是需水预测中拟定的高、中、低三个需水量方案，一般来说，最可能方案(中方案)实现的可能性程度最大，但并不是说非"中"即"高"或非"中"即"低"的对立形式，而是亦"中"亦"高"或亦"中"亦"低"的中间过渡形式，只是实现的可能性程度不同罢了。因此，需水量是"中方案"这一现象便表现出了极大的新的不确定性——模糊性，这种模糊不确定性是逻辑规律中排中律的一种破缺，它不同于水资源系统的随机不确定性，随机不确定性是逻辑上因果律的破缺。水资源需求预测的模糊不确定性说明对其按照模糊变量处理是合理的。而且在这种情况下，若分析其未知的概率密度函数，往往需要通过多次重复试验获得样本进行估计，然而对未来的社会经济情况，按照目前的技术水平，又是无法进行这样的重复试验，在这种情况下，将其视为模糊变(向)量，通过一些专家知识和经验建立不同部门各种规模需水量的隶属函数，这样就形成了模糊机会约束、模糊目标求解环境。

　　跨流域调水工程水量优化配置决策中，水资源供给侧的随机约束环境，与社会经济环境需求侧的模糊机会或目标、约束环境耦合共存于水资源优化配置大系统中，形成了随机与模糊耦合的水资源优化配置决策环境。因此，有必要研究随机与模糊环境下的多目标风险决策模型与求解技术。

5.2.2　决策模型体系建立

　　随着社会经济发展，实际决策问题不确定性(风险)因素越来越多、规模越来越大、结构越来越复杂、涉及决策者越来越多，从而形成一类有许多实际背景的风险环境下的多目标、多层次(主从递阶)、多阶段的复杂决策系统。该类决策问题较多，如制定国民经济发展规划、流域水资源优化配置管理与决策、公共项目评价决策、能源资源规划决策、区域环境规划决策、面向公共决策的技术方案评价等。该类复杂决策的主要特征有：存在随机不确定性与模糊不确定性相耦合的风险决策环境；不同层次决策者有不同权力、利益，上层决策者可对下层行使某种控制引导权，下层决策以上层决策变量为前提，这类问题具有主从递阶决(对)策特点；考虑可持续发展视角下社会、经济、生态环境效益最大的多目标决策，其解只能是各决策者均可接受的满意决策或满意解；需要对长期内每间隔一段时间均作出决策，从而形成了具有相互关联的多阶段决策。该类决策问题属于风险环境下多目标多层次多阶段决策，这类多种决策机理耦合的复杂问题的决策机制是非常复杂的，作为解决问题的完整模型，具备随机、高维和非线性特征，数学上采用单一方法求解是相当困难的，需要对其算法进行创新，对其复杂决策机制进行研究并提出可行算法是非常必要的。

该类复杂问题决策耦合了风险决策、多目标决策、主从递阶（多层次）决策、多阶段决策，大量的文献研究表明，目前的研究主要是针对其中的两个方面进行集成交叉研究，对于三个方面进行集成交叉研究的就极少，对四个方面进行综合集成的文献还未见到。风险决策研究视角包括经济学、统计学、心理学三个维度，对于三维视角综合交叉研究已引起关注，但风险决策主流研究仍是基于概率论的随机制不确定性(逻辑因果律的破缺)。对于风险决策中的模糊不确定性(逻辑排中律的破缺)也有所涉及，但对于多层次决策未涉及，多目标角度的研究处理过于简单。对于随机不确定性与模糊不确定性相耦合的风险决策更能反映大多数风险决策问题，目前已引起学者重视并取得有价值研究成果，运用模糊随机模拟方法对于解决这类问题找到了理想解决方法，尤其在单层次单目标研究方面取得了较大进展，但对于多目标的处理尚没有突破传统思路，对于主从递阶多层次决策研究也应进行探索，同时需要在多目标和主从多层次决策方面进行深入研究。主从递阶决策研究无论是其单目标还是多目标决策均取得一些成果，但对多目标多数研究是将其转化为单目标或以权重方式加权综合，对于多种不确定性机制耦合的主从递阶多目标决策研究还没发现。对于多目标决策研究，研究主要围绕权重和目标不可公度的无量纲化处理，而对于可持续发展视角下目标间的竞争、协调与均衡角度研究较少，多目标风险决策研究有所涉及，但多数是针对简单问题将其转化为确定性多目标决策，对于复杂多目标风险决策将存在转化处理上的困难，风险决策研究对于多目标有所涉及但仅限于单层次。

针对该类决策问题，建立模型体系时的决策环境既要考虑具有相同的成因机制的随机变量，随机变量是逻辑上因果律的破缺，同时还要考虑含有可能性程度差别的模糊变量，模糊不确定性是逻辑排中律的一种破缺，模糊变量可通过一些专家知识和经验估计其隶属函数。随机不确定性与模糊不确定性耦合形成了风险决策环境(本次不确定性均指采取主观或客观估计方法可估计其概率或可能性)。同时含有模糊向量和随机向量，从而形成风险决策环境，增加了决策问题的复杂性和非线性程度，也给计算求解带来困难。在风险决策环境下，该类决策问题的特点主要包括：

(1) 该类决策问题是多目标的，要考虑社会、经济、环境等目标。要按照可持续发展战略要求，实现社会、经济、环境协调发展，决策目标主要包括社会、经济、环境三个大类目标。

(2)目标要满足有效性、公平性和可持续性原则。构建的模型体系包括具有逻辑递阶关系的三层次：第一层次是在有限博弈主体(子区域)层次坚持目标优化的有效性，各博弈主体按照社会、经济、环境目标最大化来实现有效性，比如效益最大化；第二层次是在满足有效性的同时在整个群体(集体,由各子区域组成的区域层)还要体现各有限博弈群体(子区域)协调发展的公平性，具体主要体现为各博弈主体间的代内公平与协调发展，比如差异最小化；第三层次考虑在第二层次集成体现不同时期代际间可持续发展，尤其强调后代人不能劣于上一代人，可采用后一时间目标与前一时间目标之比的最大化来体现，其数值大于等于1。

(3)决策者处于不同层次上，且具有主从递阶决策的特点。上一层次决策者自上而下对下一层次决策者行使某种控制引导权，而下一层次决策者在该前提下行使一定决策权，但处于从属地位，下层决策以上层决策变量为参数，表现为"上有政策，下有对策"的主从递阶博弈决策。

(4)该类问题通常要按照可持续发展要求，针对一定时期的长期规划决策，而且前后阶段存在关联关系，要对这一时间段进行多阶段递推决策。

实践中涌现出来的一些实际决策问题表明，同时研究这种耦合集成的决策问题具有实践上的应用价值，目前对于这类多种决策耦合的复杂决策问题的决策机制与算法体系的研究还没有公开成果，对此研究探索同时又具有理论意义。该类决策问题，在风险环境下，是多目标多层次多阶段决策模型建立的基础。按照将风险决策、多目标决策、主从递阶多层次决策、多阶段决策等四种决策机制逻辑耦合集成决策的要求，研究建立了具有逻辑关系的解决复杂问题决策机制的算法体系：首先，研究模糊不确定性与随机不确定性形成的决策环境，将目标函数与约束条件转换为满足一定置信度的有意义的风险决策环境下的机会约束规划决策模型。其次，利用模糊随机模拟技术求解单层次单目标决策目标函数满意度，并将单目标满意度按照可持续发展的目标协调的要求转换为多目标(群)满意度。再次，采用主从递阶多层次求解思想，利用演化博弈论思想，研究主层与从层的博弈关系，在从层有限多个博弈主体之间的博弈关系中引入基于粒子群算法的演化博弈模拟分析其决策实现机制。最后，在时间横向维度的风险决策、多目标决策与主从递阶决策的基础上，按可持续性要求进行时间纵向维度的多阶段决策研究，并引入动态规划算法进行研究。

为了解决这类决策问题，下面建立一般意义的模型体系，风险决策环境以影响目标函数和约束条件的随机向量 S 与模糊向量 $\tilde{D}$ 表示；多目标有社会、经济、环境三个，且目标函数均按取极大化最优考虑；决策层次有三个，主从递阶层次按主层与从层两个考虑，主层决策向量为 x_t，从层决策向量为 y_t，其中可持续发展要求的决策层次以多阶段决策反映，并以规划期内当年与前一年目标函数比例之和最大作为社会、环境优化目标，经济目标为折算为货币的经济价值量表示。这样，风险环境下的多目标多层次多阶段模型体系如下：

$$
\begin{cases}
\max_{\substack{(x_t,\,y_t)\\(x_{t+1},\,y_{t+1})}} FF_t(\cdot) = \left[\max_{\substack{(x_t,\,y_t)\\(x_{t+1},\,y_{t+1})}} \sum_{t=1}^{T-1} \dfrac{F_{1t+1}\left(x_{t+1},\ y_{t+1},\ S_{t+1},\ \tilde{D}_{t+1}\right)}{F_{1t}\left(x_t,\ y_t,\ S_t,\ \tilde{D}_t\right)},\ \max_{\substack{(x_t,\,y_t)\\(x_{t+1},\,y_{t+1})}} \sum_{t=1}^{T} \dfrac{F_{2t}\left(x_t,\ y_t,\ S_t,\ \tilde{D}_t\right)}{(1+r)^t},\ \max_{\substack{(x_t,\,y_t)\\(x_{t+1},\,y_{t+1})}} \sum_{t=1}^{T-1} \dfrac{F_{3t+1}\left(x_{t+1},\ y_{t+1},\ S_{t+1},\ \tilde{D}_{t+1}\right)}{F_{3t}\left(x_t,\ y_t,\ S_t,\ \tilde{D}_t\right)} \right]\\
\text{s.t.}\ \ H_{lt}\left(x_t,\ y_t,\ S_t,\ \tilde{D}_t\right) \leqslant 0\\
\max_{(x_t,\,y_t)} F_t(\cdot) = \left[\max_{(x_t,\,y_t)} F_{1t}\left(x_t,\ y_t,\ S_t,\ \tilde{D}_t\right),\ \max_{(x_t,\,y_t)} \dfrac{F_{2t}\left(x_t,\ y_t,\ S_t,\ \tilde{D}_t\right)}{(1+r)^t},\ \max_{(x_t,\,y_t)} F_{3t}\left(x_t,\ y_t,\ S_t,\ \tilde{D}_t\right) \right]\\
\text{s.t.}\ \ G_{kt}\left(x_t,\ y_t,\ S_t,\ \tilde{D}_t\right) \leqslant 0\\
\max_{(x_t,\,y_t)} f_{it}(\cdot) = \left[\max_{x_t,\,y_t} f_{i1t}\left(x_t,\ y_t,\ S_t,\ \tilde{D}_t\right),\ \max_{(x_t,\,y_t)} f_{i2t}\left(x_t,\ y_t,\ S_t,\ \tilde{D}_t\right),\ \max_{(x_t,\,y_t)} f_{i3t}\left(x_t,\ y_t,\ S_t,\ \tilde{D}_t\right) \right]\\
\text{s.t.}\ \ g_{jt}\left(x_t,\ y_t,\ S_t,\ \tilde{D}_t\right) \leqslant 0\\
i = 1,2,\cdots,\ n\quad j = 1,2,\cdots,\ m\quad k = 1,2,\cdots,\ K\quad l = 1,2,\cdots,\ L
\end{cases}
\tag{5-8}
$$

式中　$FF_t(\cdot)$ ——可持续发展层次要求的目标函数体系；

$\quad\quad$ $F_{1t}(\cdot)$、$F_{2t}(\cdot)$、$F_{3t}(\cdot)$ ——主层的社会、经济、环境三个目标函数；

$\quad\quad$ $f_{i1t}(\cdot)$、$f_{i2t}(\cdot)$、$f_{i3t}(\cdot)$ ——从层第 i 博弈主体的社会、经济、环境三个目标函数；

$\quad\quad$ $H_{lt}\left(x_t,\ y_t,\ S_t,\ \tilde{D}_t\right) \leqslant 0$ ——可持续发展要求的第 l 个约束条件；

$G_{kt}\left(x_t,\ y_t,\ S_t,\ \tilde{D}_t\right)\leqslant 0$——主层第 k 个约束条件；

$g_{jt}\left(x_t,\ y_t,\ S_t,\ \tilde{D}_t\right)\leqslant 0$——从层第 j 个约束条件。

5.2.3　决策机制算法实现的逻辑流程

分析决策模型体系可知，由于随机向量与模糊向量的耦合存在形成风险决策环境，使得上述模型的目标函数和约束条件意义并不明确，研究引入机会约束规划模型的求解思路，采用模糊随机模拟技术分析目标函数满意度和约束条件可行度(用置信度水平来表示)。考虑多目标决策特点，以可持续发展框架为指导，引入基于多目标满意度的求解思路。主层与从层存在"上有政策，下有对策"的博弈关系，采用基于满意度演化迭代进行主层与从层动态博弈均衡分析。从层存在多个相互作用的博弈主体，由于复杂的相互作用关系，使得其博弈均衡实现过程非常复杂，为了模拟反映均衡实现机制，采用演化博弈论思想，并利用具有群体智能求解技术的粒子群算法作为演化博弈模拟纳什均衡实现的算法。在研究确定某一研究年份风险环境下多目标多层次决策基础上，按照可持续发展要求采用动态规划方法研究代际间的多阶段决策。决策机制算法的逻辑流程描述如下：

(1)为建立通用性求解方法，将随机向量与模糊向量耦合的风险决策环境下的复杂决策问题，转化为具有明确意义的混合机会约束规划决策模型，利用随机数学的概率与模糊数学的可能性概念，将目标函数、约束条件转换为具有置信度水平要求的模型。

(2)结合满意度求解的要求，采用交互式求解方法，确定目标函数的置信度(满意度，可能性与概率)、约束条件的置信度(可行度，可能性与概率)，利用模糊随机模拟技术求解满足目标函数可能性与概率要求的目标函数值，并利用模糊随机模拟技术检验约束条件可行度。

(3)按照模拟计算的目标函数值，分析计算单目标满意度，依据可持续发展战略与木桶原理，将单目标满意度聚合为多目标(群)满意度，采用交互式方法求解单目标满意度和多目标(群)满意度。

(4)运用完全信息动态博弈方法，研究主层与从层博弈主体的博弈关系，并采用交互式方法求解满意度。

(5)运用混合策略纳什均衡概念与性质，构建演化博弈求解方法，并利用具有群体智能求解特点的粒子群算法研究从层有限多博弈主体演化博弈的均衡解实现。

(6)在单一年份风险环境下多目标多层次决策基础上，采用动态规划研究规划期的多阶段决策。

5.2.4　随机向量与模糊向量耦合的机会约束规划求解方法

由于存在随机向量和模糊向量，且必须在观测到随机向量和模糊向量实现之前作出决策，多目标决策演变为多目标风险决策，且目标函数和约束条件意义并不明确，模型是没有实际定义的。一个复杂的风险决策系统同时含有模糊和随机两种因素，增加了它的复杂性和非线性程度，同时也给计算求解带来了困难。传统做法是将不确定性问题转化为等价的确定性问题，但是能够实现这种转化的往往是比较简单且特殊的问题，对于一般复杂问题的这种转化处理必将造成决策问题求解的失真。

考虑到所作决策在不利情况发生时可能不满足约束条件，但该决策应使约束条件成立的概率(随机约束)或可能性(模糊约束)不小于某一置信水平，为此，研究采用机会约束规划模型来研究该问题。机会约束规划采用的目标函数置信度与多目标决策模型中的决策满意度从决策者角度来看是一致的，对于目标函数的置信度采用满意度表示。机会约束规划中的约束条件置信度实际上是反映目标函数实现的可行程度的度量，为了与置信度区分采用可行度表述。随机机会约束规划和模糊机会约束规划为解决带有随机向量和模糊向量的优化决策问题提供了有力工具，若目标函数与约束条件中随机向量与模糊向量不是同时出现，可以分别采用随机模拟方法与模糊模拟方法。由于随机向量 S 与模糊向量 $\tilde{D}$ 耦合作用，将上述公式的模型转换为模糊和随机相耦合的机会约束规划模型：

$$
\begin{cases}
\max\limits_{(x_t,\ y_t)}\left[\bar{F}_{1t}(\cdot),\ \bar{F}_{2t}(\cdot),\ \bar{F}_{3t}(\cdot)\right] \\
\text{s.t.} \\
\quad \text{Pos}\left\{\ \text{Pro}\left[F_{ht}(\cdot)\geqslant \bar{F}_{ht}\right]\geqslant \beta_{h1t}\right\}\geqslant \beta_{h2t} \quad (h=1,2,3,\ \cdots) \\
\quad \text{Pos}\left\{\ \text{Pro}\left[G_{kt}(\cdot)\leqslant 0\right]\geqslant \alpha\alpha_{k1t}\right\}\geqslant \alpha\alpha_{k2t} \\
\max\limits_{(x_t,\ y_t)}\left[\bar{f}_{i1t}(\cdot),\ \bar{f}_{i2t}(\cdot),\ \bar{f}_{i3t}(\cdot)\right] \\
\text{s.t.} \\
\quad \text{Pos}\left\{\ \text{Pro}\left[f_{iht}(\cdot)\geqslant \bar{f}_{iht}\right]\geqslant \delta_{ih1t}\right\}\geqslant \delta_{ih2t} \quad (h=1,2,3,\ \cdots) \\
\quad \text{Pos}\left\{\ \text{Pro}\left[g_{jt}(\cdot)\leqslant 0\right]\geqslant \alpha_{j1t}\right\}\geqslant \alpha_{j2t} \\
\quad i=1,2,\cdots,\ n \quad j=1,2,\cdots,\ M \quad k=1,2,\cdots K
\end{cases}
\tag{5-9}
$$

式中　　β、δ、$\alpha\alpha$、α——事先或交互求解过程中给定的目标函数满意度和约束条件可行度；

$\text{Pos}(\cdot)$、$\text{Pro}(\cdot)$——事件$(\cdot)$的可能性与概率。

根据有关学者证明，在目标函数与约束条件中，求解可能性与求解概率顺序不影响混合约束规划的最终结果，也就是说，二者具有等价性。转化模型后，关键是进行模糊随机模拟计算，处理模糊随机目标函数和检验约束条件。

5.2.5　多目标满意度算法研究

模糊随机模拟求解主要是针对单目标满意度求解，而该类多目标决策问题需要将其处理为多目标满意度。本次研究采用的多目标决策方法是决策者偏好在求解过程中通过交互逐步明确，决策者利用偏好对方案进行挑选，实质上是通过这一挑选给出了希望效用水平或范围，然后由计算机再围绕这一"选中"方案再生成若干新备选方案提供给决策者再挑选，逐步明确决策者偏好。这类方法按照假设效用函数有无可分为两种：①第一种方法是假设存在隐式效用函数，它将决策者对某些问题的回答作为决策偏好引入求解过程，最终诱导出最满意解，满意度方法是其代表性方法；②第二种方法是假设没有效用函数，此类方法最典型的是目标规划，即由决策者首先给出在非劣解集内各目标期望水平，然后再求解模型，寻找距目标期望水平最近点，由于期望水平事先给出，有可能漏掉相当部分潜在"满意解"。本次研究将这两种方法有机结合，研究基于满意度的交互式多目标决策模型。

研究单层(从层，主层按同样方法)多目标风险决策的满意度求解问题，以下式为例：

$$\max_{(x_t,\ y_t)}\left[\overline{f}_{i1t}(\cdot),\overline{f}_{i2t}(\cdot),\overline{f}_{i3t}(\cdot)\right]$$

多目标决策的最优解是满意解，考虑心理学中决策思维线性特点，定义单目标满意度 $\mu_{it}(f_{it})$ 为一种直观形式：

$$\mu_{iht}\left(f_{iht}(\cdot)\right)=\frac{f_{iht}(\cdot)-a_{iht}}{b_{iht}-a_{iht}}\quad \text{或}\quad \mu_{iht}\left(f_{iht}(\cdot)\right)=\frac{f_{iht}(\cdot)}{\max f_{iht}(\cdot)}\qquad (h=1,\ 2,\ 3,\ \cdots)$$

其中 $a_{iht}=\min f_{iht}(\cdot)$，$b_{iht}=\max f_{iht}(\cdot)$(省略决策向量，下同)，并且一般地定义函数 $\mu_{iht}(f_{iht})$，$f_{iht}\in[a_{iht},\ b_{iht}]$，$a_{iht}$、$b_{iht}$ 可以由单目标优化构成的支付表得到。支付表构造过程如下：按照模糊随机模拟方法分别对各目标进行单目标求优，就可得到多目标决策模型的支付(Payoff)表，为了对多目标决策模型中各目标间损益关系进行动态分析，需要将各个目标值在非劣解集内变化限定在大致同样范围，做归一化处理。支付表有这样的特点：对角线上的数值构成多目标模型理想点，而表中每行最劣值可近似地看做在模型非劣解集的最劣点(理论上不存在)。决策者在分析优化各目标满意度的同时，可以更充分地体现自己的偏好要求，确定哪些目标至少必须保持在现有水平，哪些目标必须在现有水平基础上改进，并确定最少需要修正值。这不仅充分考虑了决策交互要求，也是确保所设计算法完备性需要。一般来说，决策者原先的偏好结构并不一定很合理，通过交互过程，决策者应根据实际情况调整偏好到合乎实际的水平。在求解中，目标满意度从各单目标角度反映该目标方案的价值达成情况，目标综合满意度则从各目标综合角度反映价值大小，将两方面结合起来，就可以在交互决策过程中实现对总价值调整以及对各目标实现值调整，在两方面均能使决策者较为满意的解就是决策最终解。

依据木桶原理，按照社会、经济、环境协调发展要求，系统可持续发展是由主导性短缺目标或因素决定的，求解多目标满意解时，首先使满意度最小的目标最优化，这样可以实现协调发展的要求，在最小满意度的目标极大化后该目标成为刚性目标(不能继续增优)前提下，虽然不能进一步增强所有目标之间的协调度，但是在既定资源环境条件下，还可以实现其他目标间协调度最大化，也就是说，可以进一步最大化其他目标中最小满意度的，依此类推，直到在既定的资源环境条件下各目标满意度从小到大均实现最优，这些目标满意度之间是具有优先层次的，最小满意度的目标权重具有最高层次，最大满意度的目标权重具有最低层次，在进行方案比较时，首先比较目标满意度最小的，若某方案满意度最小目标的满意度最大，则该方案即是最优方案，若最小目标满意度是相同的，则比较次小的，以次小目标满意度最大作为最优方案，依此类推，直到找到所有目标的最优方案或者对所有方案排队。求解时当满意度进行调整时需要重新进行模糊随机模拟计算。这个过程可以按照目标规划求解的思想构造模型，研究求解方法。

从层 i 博弈主体的社会、经济、环境多目标(群)满意度是各目标满意度的综合：

$$\mu_{it}(\cdot)=\max P_1\cdot\left\{\min_{1\le k\le 3}\mu_{ikt}\left[f_{ikt}(\cdot)\right]\right\}+\max P_2\cdot\left\{\sum_{k=1}^{3}\mu_{ikt}\left[f_{ikt}(\cdot)\right]-\max_{1\le k\le 3}\mu_{ikt}\left[f_{ikt}(\cdot)\right]-\min_{1\le k\le 3}\mu_{ikt}\left[f_{ikt}(\cdot)\right]\right\}+$$
$$\max P_3\cdot\left\{\max_{1\le k\le 3}\mu_{ikt}\left[f_{ikt}(\cdot)\right]\right\} \tag{5-10}$$

式中　$\mu_{it}(\cdot)$——从层 i 博弈主体的多目标(群)满意度；

　　P_1、P_2、P_3——从层最小、次小、最大目标满意度的权重，$P_1\gg P_2\gg P_3$。

主层的社会、经济、环境的多目标(群)满意度如下：

$$\mu_t(\cdot) = \max Q_1 \cdot \left\{ \min_{1 \leqslant k \leqslant 3} \mu_{kt}\left[F_{kt}(\cdot)\right]\right\} + \max Q_2 \cdot \left\{ \sum_{k=1}^{3} \mu_{kt}\left[F_{kt}(\cdot)\right] - \max_{1 \leqslant k \leqslant 3} \mu_{kt}\left[F_{kt}(\cdot)\right] - \min_{1 \leqslant k \leqslant 3} \mu_{kt}\left[F_{kt}(\cdot)\right]\right\} +$$

$$\max Q_3 \cdot \left\{ \max_{1 \leqslant k \leqslant 3} \mu_{kt}\left[F_{kt}(\cdot)\right]\right\} \tag{5-11}$$

式中　　Q_1、Q_2、Q_3——主层最小、次小、最大目标满意度的权重，$Q_1 \gg Q_2 \gg Q_3$。

5.2.6　主从递阶演化博弈求解方法

目前，多层单目标决策问题的研究已有较多方法，而多层多目标决策问题的研究较为困难，这主要是多层多目标决策问题自身复杂性造成的。以两层决策问题为例，对于两层单目标决策，上层决策者宣布其决策 x 后，在凸性假设下，下层决策者只有一个最优解与 x 对应，并且不存在决策者目标偏好问题。对于两层多目标决策问题，当上层决策者宣布其决策 x 后，在凸性假设下，下层决策者可有一非劣解集与 x 对应，即存在多对一关系，同时还存在着决策者的偏好确定问题。在下层的多目标决策问题中，不同的决策者可能选取不同的非劣解与上层决策者宣布的决策 x 对应。主从对策决策是一类具有多决策者参与的、呈递阶结构的决策系统，可从博弈论视角来描述决策过程：上层给下层一定信息，下层据此按自己的利益或偏好作出反应(决策)，上层再根据这些反应，作出符合全局利益的决策，上层给出的信息是以一种可能的决策形式给出的，下层的反应实际上是对上层决策的对策，这种对策在下层看来是最好的，它显然与上层给定的信息有关，为了使整个系统获得"最好"的利益，上层必须考虑下层对策，调整自己的对策。

针对主从多目标决策引入完全信息动态博弈求解技术，该博弈描述如下：首先，由主层先行动对主层公共决策策略在从层各博弈主体之间分配；其次，从层的 n 个博弈主体之间在观察到从层公共资源分配的前提下，以自己的私有决策策略为基础选择策略，各博弈主体进行演化博弈，求得从层的策略均衡；然后，主层在知道从层策略选择后，主层利用满意度概念，在上层多目标决策问题中增加约束，该约束对上级决策者来说，采用单层次基于满意度的交互式算法所得的上级问题解优于上一论对策博弈的策略；最后，再由上级决策者评价该解，若满意则停止，所求解即为原两层问题的满意解，否则将所求的新解作为博弈基点继续博弈，直至上级决策者满意。主从递阶演化博弈的支付函数为其多目标(群)满意度。具体步骤如下：

第一步，选取初始博弈点，置博弈次数 k=1，由上级博弈主体(决策者)首先选定公共决策向量策略解 $\left(x_t^k \right)$（$\left(x_t^k \right) = \left(x_{1t}^k,\ x_{2t}^k, \cdots,\ x_{nt}^k \right)$)，为了问题求解结构化描述和选取博弈基准点的需要，在主层确定各个决策策略向量的同时，也由下级各博弈主体选择策略 $\left(y_t^k \right)$（$\left(y_t^k \right) = \left(y_{1t}^k,\ y_{2t}^k, \cdots,\ y_{nt}^k \right)$)，以 $\left(x_t^k,\ y_t^k \right) \in X$ 作为博弈的基准对比点，采用模糊随机模拟技术检验解的可行性，若不可行重新生成，直到可行为止。

第二步，主层(上层)固定 $\left(x_t^k \right)$，基于满意度的单层次交互式算法求解从层(下层)决策问题，得到解 $\left(y_t^{k+1} \right)$，同样要利用随机模拟技术检验解的可行性。

第三步，固定 $\left(y_t^{k+1} \right)$，增加约束条件(目的是保证始终在演化博弈寻优过程之中)如下：

$$\min_{1\leq h\leq 3}\left\{\frac{F_{ht}\left(x_t,\ y_t^{k+1}\right)-\min\limits_{x\in X_{k+1t}}F_{ht}\left(x,\ y_t^{k+1}\right)}{\max\limits_{x_t\in X_{k+1t}}F_{ht}\left(x,\ y^{k+1}\right)-\min\limits_{x_t\in X_{k+1t}}F_{ht}\left(x,\ y_t^{k+1}\right)}\right\}\geq$$

$$\min_{1\leq h\leq 3}\left\{\frac{F_{ht}\left(x_t^k,\ y_t^k\right)-\min\limits_{x_t\in X_{kt}}F_{ht}\left(x_t,\ y_t^k\right)}{\max\limits_{x_t\in X_{kt}}F_{ht}\left(x_t,\ y_t^k\right)-\min\limits_{x_t\in X_{kt}}F_{ht}\left(x_t,\ y_t^k\right)}\right\}$$

(5-12)

$$\left\{\sum_{h=1}^{3}\mu_{ht}\left[F_h\left(x_t,\ y_t^{k+1}\right)\right]-\max_{1\leq h\leq 3}\mu_{ht}\left[F_{ht}\left(x_t,\ y_t^{k+1}\right)\right]-\min_{1\leq h\leq 3}\mu_{ht}\left[F_{ht}\left(x_t,\ y_t^{k+1}\right)\right]\right\}\geq$$

$$\left\{\sum_{h=1}^{3}\mu_{ht}\left[F_{ht}\left(x_t,\ y_t^k\right)\right]-\max_{1\leq h\leq 3}\mu_{ht}\left[F_{ht}\left(x_t,\ y_t^k\right)\right]-\min_{1\leq h\leq 3}\mu_{ht}\left[F_{ht}\left(x_t,\ y_t^k\right)\right]\right\}$$

(5-13)

$$\max_{1\leq h\leq 3}\left\{\frac{F_{ht}\left(x_t,\ y_t^{k+1}\right)-\min\limits_{x\in X_{k+1}}F_{ht}\left(x_t,\ y_t^{k+1}\right)}{\max\limits_{x_t\in X_{k+1t}}F_{ht}\left(x,\ y_t^{k+1}\right)-\min\limits_{x_t\in X_{k+1t}}F_{ht}\left(x_t,\ y_t^{k+1}\right)}\right\}\geq$$

$$\max_{1\leq h\leq 3}\left\{\frac{F_{ht}\left(x_t^k,\ y_t^k\right)-\min\limits_{x_t\in X_{kt}}F_{ht}\left(x_t,\ y_t^k\right)}{\max\limits_{x_t\in X_{kt}}F_{ht}\left(x_t,\ y_t^k\right)-\min\limits_{x_t\in X_{kt}}F_{ht}\left(x_t,\ y_t^k\right)}\right\}$$

(5-14)

式中：$X_{kt}=\left\{x_t\big|\left(x_t,\ y_t^k\right)\in X_t\right\}$，$X_{k+1t}=\left\{x_t\big|\left(x_t,\ y_t^{k+1}\right)\in X_t\right\}$。

三个约束条件含义分别表示最小目标满意度、次小目标满意度、最大目标满意度在第 $k+1$ 次博弈要大于等于第 k 次博弈的数值。三个约束条件是状态依存关系，即只要第一个约束条件中关系式"＞"成立，不要求另外两个约束条件成立；当第一个约束条件"＝"成立，这时需要检验和要求第二个约束条件是否满足要求，当第二个约束条件关系式"＞"成立，不需要检验第三个约束条件；当第二个约束条件"＝"成立，这时需要检验和要求第三个约束条件是否满足要求。

第四步，采用基于满意度单层次交互式算法求解主层决策问题，得解 $\left(x_t^{k+1}\right)$，同时要利用模糊随机模拟技术检验解的可行性。

第五步，若上层决策者对 $\left(x_t^{k+1},\ y_t^{k+1}\right)$ 满意，则博弈停止，$\left(x_t^{k+1},\ y_t^{k+1}\right)$ 即为原主从递阶多层次多目标决策的满意解。否则，置博弈次数 $k=k+1$，转至第二步。

5.2.7　基于粒子群算法的从层多博弈主体演化博弈求解方法

5.2.7.1　基于粒子群算法的演化博弈分析研究

纳什均衡可以解释为博弈方相互的最优反应，即给定对手在最优策略上自己采取的策略是对对手策略的最优反应。基于群智能方法的演化技术模拟了生物群体智能选择行为的属性，蕴涵了生物体之间合作与学习的社会属性，而且其随机搜索更有目的性，在这样的思想启发下，基于粒子群优化方法为从层有限 n 人非合作博弈的纳什均衡解设计了一种优化算法，该算法可以处理复杂的非线性程度高的决策问题。纳什均衡问题描述如下：假设从层有限 n 人非合作博弈，局中人 i 的纯策略集合为 $s_{it}=\left(s_{i1t},\ s_{i2t},\cdots,\ s_{iK_it}\right)$，其混合策略为 $\sigma_{it}=\left(\sigma_{i1t},\ \sigma_{i2t},\cdots,\ \sigma_{iK_it}\right)$，即局中人 i 以 σ_{ijt} 概率选择纯策略 $s_{ijt}(1\leq j\leq K_i)$，$\sigma_{ijt}\geq 0$，$\sum\limits_{j=1}^{K_i}\sigma_{ijt}=1$。$n$ 人博弈混合策略组合记为 $\sigma_t=\left(\sigma_{1t},\ \sigma_{2t},\cdots,\ \sigma_{nt}\right)$，在该混合策略组合下，局中人 i 的期望收益记为

$$E_{it}(\sigma_t) = \sum_{j_1=1}^{K_1} \sum_{j_2=1}^{K_2} \cdots \sum_{j_n=1}^{K_n} u_{it}\left(s_{1j_1t},\ s_{2j_2t},\cdots,\ s_{nj_nt}\right) \cdot \sigma_{1j_1t} \cdot \sigma_{2j_2t} \cdots \sigma_{nj_nt} \tag{5-15}$$

式中　$u_{it}\left(s_{1j_1t},\ s_{2j_2t},\cdots,\ s_{nj_nt}\right)$——局中人 1 选择纯策略 s_{1j_1t}，……，局中人 n 选择纯策略 s_{nj_nt}

$$\text{时局中人 } i \text{ 的期望收益。}$$

混合策略组合 σ_t^* 为 n 人非合作博弈的纳什均衡解的充分必要条件是：对于任意局中人 i 的每一个纯策略 s_{ij_it}（$j_i = 1,2,\cdots,\ K_i$），都有 $E_{it}\left(\sigma_t^*\big\|s_{ij_it}\right) \leqslant E_{it}\left(\sigma_t^*\right)$（$i = 1,2,\cdots,\ n$），其中 $\sigma_t^*\big\|s_{ij_it}$ 表示在均衡解的条件下只有局中人 i 用纯策略 s_{ij_it} 替换均衡解中自己的纯策略，其他局中人都不改变各自在均衡解中的策略选择。算法中每个粒子以博弈的一个混合策略组合 $\sigma_t = (\sigma_{1t},\cdots,\ \sigma_{it},\cdots,\ \sigma_{nt})$ 代表，在算法迭代中，粒子会向个体自身最优解学习，且向群体中表现更优的同伴学习，通过学习，粒子在博弈的混合策略组合的空间内不断发生移动并最终趋向博弈的均衡点。算法中每个粒子由所有局中人的混合策略来表示，根据纳什均衡定义与性质，粒子适应度函数定义如下：

$$f(\sigma_t) = \min \sum_{i=1}^{n} \max_{1 \leqslant j_i \leqslant K_i} \left\{ \max_{j_i}\left[E_{it}\left(\sigma_t\big\|s_{ij_it}\right) - E_{it}(\sigma_t), 0 \right] \right\} \tag{5-16}$$

显然，由纳什均衡的性质可知，当且仅当混合策略组合为纳什均衡解时适应度函数取得最小值 0，$f\left(\sigma_t^*\right) = 0$，$f(\sigma_t) > 0$（$\sigma_t \neq \sigma_t^*$）。博弈的混合策略组合的空间内只有纳什均衡点适应度为最小。

5.2.7.2　粒子群算法

粒子群优化算法通过对鸟群等类似生物群体行为的研究，发现生物群体中存在着一种社会信息共享机制，一只鸟称为"粒子"，解群相当于一个鸟群，一地到另一地迁徙相当于解群进化。算法中每个粒子就是解空间中的一个解，它根据自己的飞行经验和同伴飞行经验来调整自己飞行，每个粒子在飞行过程所经历的最好位置叫做个体极值（P_{Best}），整个群体所经历的最好位置叫做全局极值（G_{Best}），实际操作中通过由优化问题所决定的适应度值来评价粒子"好坏"，每个粒子都通过上述两个极值不断更新自己，从而产生新一代群体。每个粒子可看做解空间中一个点，设第 h 个粒子表示为 σ^{hk}（$h = 1,2,\cdots,\ M$），对于第 $k+1$ 次迭代，每个粒子按照下式进行变化：

$$V_{hd}^{k+1} = W \cdot V_{hd}^{k+1} + C_1 \cdot Rand(\ ) \cdot \left(P_{hd} - \sigma_t^{hdk}\right) + C_2 \cdot Rand(\ ) \cdot \left(P_{gd} - \sigma_t^{hdk}\right) \tag{5-17}$$

$$\sigma_t^{hdk+1} = \sigma_t^{hdk} + V_{hd}^{k+1} \tag{5-18}$$

式中　V_{hd}^k、σ_t^{hdk}——第 k 次迭代粒子 h 飞行速度矢量 V_h^k、位置矢量 σ_t^{hk} 的第 d 维分量；

P_{hd}、P_{gd}——粒子 h 个体最好位置 P_{Best}、群体最好位置 G_{Best} 的第 d 维分量；

C_2、$Rand(\ )$——权重因子、产生 $[0,1]$ 随机数的随机函数。

从社会学角度看，公式由三部分组成：第一部分是粒子先前速度，说明了粒子目前状态；第二部分是认知部分，粒子本身思考，表示粒子动作来源于自己经验部分；第三部分为社会部分（粒子 h 当前位置与群体最好位置距离），表示粒子动作来源于群体中其他粒子经验，表现为知识共享和合作。粒子群优化算法主要包括三个部分：粒子以随机的方式在整个问题空间中流动并且可以对自己所处的环境进行评价(计算适应度);每个粒子均可以记忆自己到过的最好位置和感知邻近粒子已达到的最好位置;在改变速度的时候同时考虑自己到过的最好位置和邻近粒子已达到的最好位置。

5.2.8　可持续发展要求的多阶段决策动态规划求解方法

前面主要是针对某年份进行决策,但是针对某一规划研究期内要求的决策各年之间要体现可持续发展战略,为此采用动态规划求解方法研究代际可持续发展决策,在各年多目标最优基础上按照动态规划求解整个决策期的最优动态规划求解方法描述如下:

(1)阶段变量 t 。代际可持续发展决策是按年进行的多阶段决策过程,阶段变量选年。

(2)状态变量 SS_t 。各年决策是以社会、经济、环境三个目标的最小满意度、次小满意度和最大满意度表示优化状态。为此,选择三个目标由小到大的三个目标满意度向量作为状态 SS_t 。

(3)决策变量 DD_t 。决策变量由各决策向量 x_t 和 y_t 组成。

(4)状态转移方程。采用顺序递推,状态转移方程为: $SS_t = SS_{t-1} + DD_t$ 。

(5)目标函数。分别以整个规划期内(第 1 阶段初至第 T 阶段末)多目标综合效益最大,也就是将体现可持续发展的目标函数体系按照转化为以满意度形式体现的目标函数。

5.3　基于模糊与随机的调水工程方案选择排序多目标风险决策模型

5.3.1　工程方案选择问题的模糊不确定性

不同的跨流域调水量优化配置结果将会产生不同效果,同时也将有相应的风险,跨流域调水工程风险问题是与水量优化配置紧密相联系的,这是因为水量优化配置直接决定调水工程方案的配置效果,这是跨流域调水工程风险存在的一个重要方面。因此,只要将常规的经济风险中的经济效益转变为配置效果,即转化为跨流域调水工程的多目标效果风险分析问题,结合其相应的投资费用、供求及其他方面的风险进行综合风险分析与风险决策,即是一个完整意义上的跨流域调水工程多目标风险决策。考虑优化配置效果中的经济效果是与社会效果、生态环境效果等动态地共存于一个水量配置体系,并通过水量耦合共存的,因此研究调水工程的经济风险决策,在某种程度上也是一个多目标风险决策问题。下面以经济风险描述多目标决策,当然下面的经济风险也可以改为配置效果风险,这样就将社会效果风险、经济效果风险、生态环境效果风险等全面地考虑在调水工程方案的多目标风险决策中。

常用的工程风险(概率)分析方法有模拟统计法和分析技术法两类。分析这两类方法,可以看出它们具有明显特点:①要求数据信息较多,每个输入变量都必须有确定的变化范围和概率分布曲线(凭过去统计数据或经验主观确定),它不可避免地存在模糊识别问题;②由统计资料或主观估计确定的输入变量概率分布,主要反映历史上某些河流不同工程的变化概率，未必能反映未来时期其他工程输入变量的变化规律，存在以少量样本替代大量样本而造成的模糊不确定性；③分析中存在大量不可忽略的模糊性。如风险作用强度及其概率分布是模糊概念，很难从数量上对其准确量化，存在描述的模糊性等。展望未来，水利建设项目风险分析研究，需同时研究风险因素的随机性与模糊性，为此，发展一套既能对风险进行全面科学测度，又切实可行的风险分析方法，是跨流域调水工程决策和经济评价的客观和现实要求。

5.3.2　模糊不确定性对跨流域调水工程方案风险的影响

5.3.2.1　不确定性问题的模糊性与随机性

模糊性和随机性都是不确定性的体现，但同时它们又有本质区别。

随机不确定性事件本身有明确含义，只是由于事件发生的条件不充分，使得在条件和事件之间不可能出现确定的因果关系，因而在事件是否出现上表现不确定性，也称为随机性。比如，某跨流域调水工程投资增加 20% 的概率是 0.3，表示投资增加 20% 这个事件发生的条件不充分，这时投资可能增加 20% 也可能不增加 20%(随机事件)，但投资增加 20% 的概率是 0.3，使得投资增加 20% 事件发生与不发生二者之间不可能出现确定的因果关系。随机性是因果律的一种破缺，概率论是从对随机性的研究中去寻求和确立广义的因果律——概率规律，概率规律反映了一定的但不是充分的条件对事件的联系和制约。

模糊不确定性是指事物是否符合某个概念上表现出的一种不确定性，这种因为概念外延的模糊而造成的不确定性即为模糊性。比如，某调水工程方案效益大约减少 10% 的概率是 0.2，表示效益减少 10% 这件事情概念本身具有模糊性。模糊性是排中律的一种破缺，模糊数学正是从对模糊性的研究中去寻求和确立广义的排中律——隶属规律，隶属规律反映了模糊概念对事物的联系和制约。

5.3.2.2　模糊不确定性对风险的影响

模糊不确定性对跨流域调水工程风险的影响主要表现在以下几个方面：①对投资、工期和效益等随机变量变化采取确定性估计时模糊性不能忽略；②对随机变量发生可能性进行估计时模糊性也是不能忽略的；③由有限样本代替无限样本和以过去代替将来而造成的模糊不确定性；④水资源系统的径流，不仅具有确定性和随机性，而且存在模糊性；⑤在效益分析时假设若干不同线型(线型选择与决策者及其偏好的选择是一个模糊识别过程)，使理论概率分布曲线与实测资料系列所分析的效益频率曲线进行优化拟合时，随机变量数学模型(例如对数正态分布)的选择也具有主观模糊性；⑥即使在求出各子效益的概率分布后，按照随机变量组合，推求多目标综合年效益概率分布，其实也存在模糊性；⑦统计分析所用的简化、假定产生的模糊不确定性；⑧决策人经验与偏好也是一个模糊识别的过程。

5.3.3　模糊事件的模糊概率

为便于提出考虑模糊不确定性的调水工程方案风险决策方法，下面采用有关文献研究成果，引入模糊事件、模糊概率、模糊事件的模糊概率等概念及其运算法则。

5.3.3.1　模糊事件的概率

如果一个事件 $\tilde{A}$ 是模糊的，而它的概率值是普通实数，则称其为模糊事件 $\tilde{A}$ 的普通概率，记为 $P(\tilde{A})$。设论域 X 上的模糊事件 $\tilde{A}$ 隶属函数为 $\mu_{\tilde{A}}(x)$，则模糊事件 $\tilde{A}$ 的概率为

$$P(\tilde{A}) = \int_X \mu_{\tilde{A}}(x) \cdot f(x)\, \mathrm{d}x \tag{5-19}$$

式中　$f(x)$——X 的概率密度函数；

　　　$\displaystyle\int_X$ —— 在 X 上进行普通的定积分运算。

5.3.3.2　事件的模糊概率

经典概率论是用[0，1]中的一个数表达事件出现的可能性，如投资增加 20%概率是 0.4。但实际工作中，有时不用数值语言描述事件的概率似乎更自然和贴切，且比较符合决策时专家判断的实际和需要，如投资增加 20%的概率在 0.4 左右。语言概率(模糊概率)是一种特殊语言值，概率语言值及其组成的语言概率的值空间在[0，1]上。

定义 1：$F([0,1])$ 表示以[0，1]为论域的全体模糊子集所构成的类，$F([0,1])$ 中具备一定语义结构和定义了一定运算的某个子类 ε 称做语言概率的值空间，ε 中元素称为概率语言值。实际研究问题一般是(可以)离散的，常把概率语言值支集缩小为[0，1]上有限点。

语言值作为模糊数的四则运算在实数论域 $(-\infty, +\infty)$ 上封闭，但在语言概率值空间 ε 论域 $U \subset [0,1]$ 中不封闭。为此，在语言概率值空间 ε 中定义运算：

定义 2：设 $\pi_1, \pi_2, \cdots, \pi_n \in \varepsilon$，$a_1, a_2, \cdots, a_n \in U \subset [0,1]$，则 $\{\pi_i\}$ 的线性组合 $\displaystyle\sum_{i=1}^{n} a_i \cdot \pi_i$ 是一个模糊语言值，也是一个概率语言值

$$\left(\sum_{i=1}^{n} a_i \pi_i\right)(u) = (a_1\pi_1 + \cdots + a_n\pi_n)(u)$$
$$= \left(\bigvee_{\substack{a_1u_1 + a_2u_2 + \cdots + a_nu_n = u \\ u_1 + u_2 + \cdots + u_i \cdots + u_n = 1}} (\pi_1(u_1) \wedge \cdots \wedge \pi_n(u_n)) \right) \div K \tag{5-20}$$

式中　$K = \displaystyle\bigvee_{u_1 + \cdots + u_n = 1} (\pi_1(u_1) \wedge \cdots \wedge \pi_n(u_n))$　　$u, u_i \in U$　　$(i = 1, 2, \cdots, n)$；

"$\vee$"、"$\wedge$"——逻辑符号，分别代表取最大、最小运算。

定义 3：给定由代表基本事件的元素 ω_i ($i = 1,2,\cdots, n$) 组成的集合 Ω，论域 $\Omega = \{\omega_1, \omega_2, \cdots, \omega_n\}$，论域 $X \subset [0,1]$，$X = \{0, 0.1, 0.2, \cdots, 0.9, 1.0\}$，在 $F(X)$ 上确定一个概率语言变量系 ε，在 ε 中指定概率语言序列 $\pi_1, \pi_2, \cdots, \pi_n \in \varepsilon$，使 $P(\omega_i) = \pi_i$ ($i = 1,2,\cdots, n$)，设事件 $A = \displaystyle\bigcup_{1 \le i \le n} \omega_i$，则事件 A 的语言概率定义为：

$$P(A) = a_1\pi_1 + a_2\pi_2 + \cdots + a_n\pi_n \tag{5-21}$$

式中：

$$a_i = \begin{cases} 1 & \omega_i \in A \\ 0 & \omega_i \notin A \end{cases} \quad (i = 1,2,\cdots, n)$$

5.3.3.3 模糊事件的模糊概率

在跨流域调水工程决策中，用概率语言表示模糊事件的模糊概率比较常见。比如，常说"某跨流域调水工程投资增加 20% 左右的可能性大概在 0.5"、"某项目投资增加很大的可能性是有的"，都是用概率语言描述模糊事件。

定义 4：设 $\Omega = \{\omega_1, \omega_2, \cdots, \omega_n\}$ 为基本空间，且给定 $X \subset [0,1]$ 为 $X = \{0, 0.1, 0.2, \cdots, 0.9, 1.0\}$，在 $F(X)$ 上确定一个语言概率的值空间 ε，设

$$P(\omega_i) = \pi_i \in \varepsilon \quad (i = 1, 2, \cdots, n)$$

则模糊事件 $\tilde{A}$ 的模糊概率为

$$P(\tilde{A}) = \sum_{i=1}^{n} \mu_{\tilde{A}}(\omega_i) \cdot \pi_i \tag{5-22}$$

式中 $\mu_{\tilde{A}}(\omega_i)$——$\tilde{A}$ 在 Ω 上的隶属函数。

5.3.4 基于模糊与随机环境的跨流域调水工程方案选择的多目标风险决策模型

在风险辨识的基础上，以影响因素服从离散型概率分布为例，提出基于模糊不确定性的跨流域调水工程风险分析与多目标风险决策方法。

5.3.4.1 建立模糊随机变量变化幅度隶属函数

设风险因素数值变化论域为 $\Omega = \{\omega_1, \omega_2, \cdots, \omega_n\}$，如可设为 $\Omega = \{-30\%, -25\%, \cdots, -5\%, 0\%, +5\%, \cdots, +25\%, +30\%\}$，论域中的数值表示随机变量在设计值基础上的增减比例。

不同人对同一模糊概念外延理解是有差异的，为了充分发挥决策者的主观能动性，尽可能建立符合客观实际的隶属函数，在有关研究和统计分析的基础上，采用德尔菲法，邀请有关专家对[增大]、[偏大]、[不变]、[偏少]、[减少]等模糊语言给出在论域 Ω 上分明集的隶属函数，并采用专家直接评判的算术平均作为统计结果。当然也可运用模糊语言中语气算子、模糊化算子、判定化算子等构造更多的分类隶属函数(模糊语言)，如对跨流域调水工程投资增减所建立模糊语言变量为：$[投资增大](\omega_i) = \sum_{i=1}^{n} \dfrac{\tilde{A}_1(\omega_i)}{\omega_i}$、

$[投资偏大](\omega_i) = \sum_{i=1}^{n} \dfrac{\tilde{A}_2(\omega_i)}{\omega_i}$、$[投资不变](\omega_i) = \sum_{i=1}^{n} \dfrac{\tilde{A}_3(\omega_i)}{\omega_i}$、$[投资偏少](\omega_i) = \sum_{i=1}^{n} \dfrac{\tilde{A}_4(\omega_i)}{\omega_i}$、

$[投资减少](\omega_i) = \sum_{i=1}^{n} \dfrac{\tilde{A}_5(\omega_i)}{\omega_i}$，同理可建立效益、工期等变量增减的模糊语言变量隶属函数。

5.3.4.2 建立模糊随机变量模糊概率隶属函数

不用准确数值而用语言描述风险分析中的随机变量的概率更自然，也更符合专家运用自然语言判断决策的实际。如专家评判某跨流域调水工程"投资增大 20% 左右的可能性接近于 0.3"、"效益减少 15% 左右的几率大概是 0.2"、"工期延长 1～2 年的可能性是 0.5 左右"等，这也说明运用模糊(语言)概率描述模糊随机变量的必要性。

仍设论域为 $\Omega = \{\omega_1, \omega_2, \cdots, \omega_n\}$，又设论域 $X \subset [0,1]$，$X = \{0, 0.05, 0.10, \cdots, 0.95, 1\}$，在 $F(X)$ 上确定三个概率语言变量系 ε_1、ε_2、ε_3，代表投资费用、效益、工期语言概率值空间，

并分别指定概率语言序列：$A\pi_1$、$A\pi_2$、$\cdots$、$A\pi_n \in \varepsilon_1$；$B\pi_1$、$B\pi_2$、$\cdots$、$B\pi_n \in \varepsilon_2$；$C\pi_1$、$C\pi_2$、$\cdots$、$C\pi_n \in \varepsilon_3$，使 $P_A(\omega_i)=A\pi_i$，$P_B(\omega_i)=B\pi_i$，$P_C(\omega_i)=C\pi_i(i=1,2,\cdots,\ n)$。

设 $A\pi_i$、$B\pi_i$、$C\pi_i$ 表示[接近于 x_i]，根据专家经验判断并参考有关研究成果，本文建立投资的语言隶属函数如下(效益、工期的仿此建立)：

$$P_{\tilde{A}}(\omega_i)=A\pi_i=[接近于x_i]=\frac{0.7}{x_i-0.05}+\frac{1.0}{x_i}+\frac{0.7}{x_i+0.05} \tag{5-23}$$

5.3.4.3　模糊随机变量的模糊概率

设论域 $\Omega=\{\omega_1,\ \omega_2,\cdots,\ \omega_n\}$，$\tilde{A}_j$、$\tilde{B}_j$、$\tilde{C}_j(\ j=1,2,3,4,5)$分别表示增大、偏大、不变、偏少、减少)代表投资、效益、工期变化的模糊随机变量，不同变化幅度值的隶属函数分别为 $\mu_{\tilde{A}_j}(\omega_i)$、$\mu_{\tilde{B}_j}(\omega_i)$、$\mu_{\tilde{C}_j}(\omega_i)$，则模糊随机变量投资的模糊概率计算如下(效益、工期的依次类推)：

$$P(\tilde{A}_j)=\sum_{i=1}^n \mu_{\tilde{A}_j}(\omega_i)\cdot A\pi_i \quad (j=1,2,3,4,5)$$

求出模糊概率后，依据最大隶属原则选择隶属度最大的概率作为模糊随机变量的模糊概率。如计算结果 $P(\tilde{A}_j)=\frac{0.8}{0.32}+\frac{1.0}{0.48}+\frac{0.8}{0.28}$，则该随机变量在 j 状态下的模糊概率为 0.48。

5.3.4.4　基于隶属度的模糊随机变量期望值

在概率论中概率可定义为权重，根据 Zadeh 的研究，按照隶属函数的含义，在模糊集合论中隶属度也可定义为权重，这样模糊事件 $[\tilde{W}]$（隶属函数为 $\tilde{W}(\omega_i)$）的数学期望：

$$E\{(\omega_i)_{[\tilde{W}]}\}=\frac{\sum\limits_{i=1}^n \omega_i\cdot\tilde{W}(\omega_i)}{\sum\limits_{i=1}^n \tilde{W}(\omega_i)} \tag{5-24}$$

5.3.4.5　跨流域调水工程多目标风险决策

在求得模糊随机变量的期望值及其模糊概率后，不但要计算各风险事件经济净现值，还要计算的风险指标主要有：期望经济净现值、风险率、风险损失、风险收益、风险益损比、风险度等。将这些指标综合考虑到多目标决策研究，即构成了跨流域调水工程方案选择的多目标风险决策模型。

5.3.5　基于开发次序研究的多层次多目标风险型模糊动态规划决策模型

5.3.5.1　概述

一般的调水工程开发次序研究方法，一般以确定型经济指标为主，缺乏对风险和不确定性指标的分析与考察。事实上，这存在很大片面性；实际上，经常出现有的项目收益很大，但失败风险亦很高；理论上，开发次序的研究，至少还需考察风险率、投资失败及其损失、投资成功及其盈利情况等指标；应用上，在方案选择时，经济评价指标的期望值高而风险大的方案，往往还不如期望值稍低但风险较小的方案。因此，研究开发次序需进行风险分析，选取风险型决策评价指标。经初步研究，在风险分析基础上，应选择的风险型评价指标有：期望效益现值、期望费用现值、风险率、风险损失、风险收益、风险度等。按照决策准则或因素之间的相互关联影响及隶属关系，构造递阶层次结构图 5-1，实际应用时，根据工程系统的具体情况可对指标、目标进行相应增减，这里只给出经济目标的有关指标，社会目标、生态环境目标的几个指标省略。

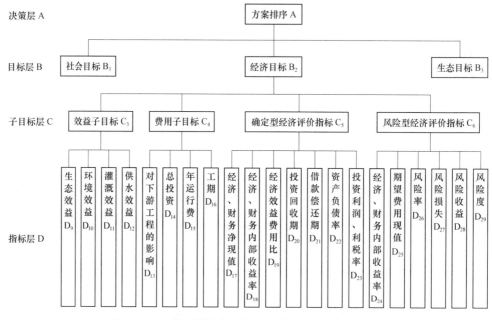

图 5-1　　跨流域调水工程开发次序研究递阶结构图

针对开发次序问题的复杂性，如多准则决策、多目标多层次、风险决策的属性、动态性、模糊性等特点，将多准则决策、模糊数学和动态规划等理论和方法相结合，提出优选模型并给出求解技术，建模时运用了模糊综合评判的决策思想。针对工程开发次序的研究属动态多方案排序问题，它又是一个多阶段多方案决策问题，所以又构造动态规划模型，引入动态规划求解技术。

5.3.5.2　多准则多层次模糊动态规划模型

基于经济可靠性的思想，引入包含经济风险的评价指标；建立递阶层次结构；引入权重法的多目标评价决策技术、多准则决策的乐观原理、多级模糊综合评价；建立多准则多目标多层次模糊动态规划决策模型。

工程方案的开发分期为阶段 t，选用研究的工程方案为决策变量（以方案综合评价隶属度体现），以工程兴建与否的不同组合数作为状态。

1. 模糊综合评判技术

多目标决策问题的目标间具有不可公度性，如果直接使用原评价指标，不便于分析和比较，因此应对评价指标特征值进行无量纲化。对于涉及社会、经济、生态环境等诸多方面很难定量的一些指标，对其作模糊统计并确定其隶属度。

模糊综合评判数学模型。设权重分配为 $\tilde{A}$，评判矩阵为 $\tilde{R}$，则综合评判结果为

$\tilde{B} = \tilde{A} * \tilde{R}$ ，"$*$"表示 $\tilde{A}$ 与 $\tilde{R}$ 进行合成运算的算子，不同算子将得到不同的 F 综合评判模型，常用的有以下几种：主因素决定型、主因素突出型、加权平均型（$M(\bullet, \oplus)$ 和 $M(\bullet, +)$）等，其中 $M(\bullet, +)$ 模型以权重兼顾所有指标，既考虑了所有因素的影响，又保留了单因素评判的全部信息，适合研究跨流域调水工程方案的开发次序。

多级模糊综合评判。多层次系统的模糊综合评判是从低层向高层逐层进行的。第 k 层评判因素的评判指标向量即为第 $k-1$ 层评判指标的隶属度，评判时先按因素等级进行单因素的一级评判，再作因素组的二级综合评判，依次进行，最后进行总综合评判。

2. 多准则多层次模糊动态规划模型的目标函数

以规划研究期内所有参与排序的调水方案组合的综合评价指标最大作为目标。这里以三级递阶层次结构(其他更高层次依此类推)为例建立模型相应的目标函数：

$$F = \underset{i,t}{FOPT} \left(\sum_{i=0}^{numb} \sum_{t=0}^{time} b_t \left(\alpha_1 \cdot \tilde{B}_{it}^{(1)} \cdot \begin{bmatrix} \tilde{B}_{1it}^{(2)} \cdot \begin{bmatrix} \tilde{B}_{11it}^{(3)} \cdot \tilde{R}_{11it} \\ \vdots \\ \tilde{B}_{1nit}^{(3)} \cdot \tilde{R}_{1nit} \end{bmatrix} \\ \vdots \\ \tilde{B}_{mit}^{(2)} \cdot \begin{bmatrix} \tilde{B}_{m1it}^{(3)} \cdot \tilde{R}_{m1it} \\ \vdots \\ \tilde{B}_{mnit}^{(3)} \cdot \tilde{R}_{mnit} \end{bmatrix} \end{bmatrix} + \alpha_2 \cdot \tilde{C}_{it}^{(1)} \cdot \begin{bmatrix} \tilde{C}_{1it}^{(2)} \cdot \begin{bmatrix} \tilde{C}_{11it}^{(3)} \cdot \tilde{S}_{11it} \\ \vdots \\ \tilde{C}_{1nit}^{(3)} \cdot \tilde{S}_{1nit} \end{bmatrix} \\ \vdots \\ \tilde{C}_{mit}^{(2)} \cdot \begin{bmatrix} \tilde{C}_{m1it}^{(3)} \cdot \tilde{S}_{m1it} \\ \vdots \\ \tilde{C}_{mnit}^{(3)} \cdot \tilde{S}_{mnit} \end{bmatrix} \end{bmatrix} \right) \right) \tag{5-25}$$

式中　F——目标函数，$\underset{i,t}{FOPT}$ 表示对多方案排序进行模糊多阶段多指标综合选优；

i、t ——参与排序开发方案的工程项目代号、方案开发期序号(阶段)；

mmb、$time$——参与排序开发方案的数目、方案开发期数；

b_t——第 t 期开发方案的权重，$\sum_{t=0}^{time} b_t = 1$；

α_1、α_2——乐观系数、悲观系数，不同的取值反映了开发次序优选的多准则决策，若按效益型指标选优，$\alpha_1 = 1$、$\alpha_2 = 0$，若按成本型指标选优，$\alpha_1 = 0$、$\alpha_2 = -1$，若综合考虑效益型和成本型指标选优，$\alpha_1 = 1$、$\alpha_2 = -1$；

$\tilde{B}_{it}^{(1)}$、$\tilde{C}_{it}^{(1)}$——i 方案在 t 期开发的效益型(Benefit)、成本型(Cost)的工程开发次序研究决策(总目标)层所属目标层的权向量，权向量中分量个数(m)即为目标个数，权向量中分量即为目标权重，上角标(1)表示第 1 层次；

$\tilde{B}_{jit}^{(2)}$、$\tilde{C}_{jit}^{(2)}$——i 方案在 t 期开发时，第 j($j = 1,2,\cdots, m$)个目标所属子目标的效益型、成本型的权向量，权向量中分量个数即为子目标个数(m)，权向量中分量即为子目标权重，上角标(2)表示第 2 层次；

$\tilde{B}_{jkit}^{(3)}$、$\tilde{C}_{jkit}^{(3)}$——i 方案在 t 期开发第 j($j = 1,2,\cdots, m$)个目标所属指标 k($k = 1,2,\cdots, n$)的效益型、成本型的权向量，权向量中分量个数即为指标个数，权向量中分量即为指标权重，上角标(3)表示第 3 层次；

$\tilde{R}_{jkit}$、$\tilde{S}_{jkit}$——i 方案在 t 期开发第 j($j = 1,2,\cdots, m$)个目标所属指标 k($k = 1,2,\cdots, n$)

的效益型、成本型的隶属度矩阵，隶属度矩阵的分量即为指标隶属度。

3. 约束条件

模型的约束条件主要有国民经济和社会发展对工程的综合利用要求、工程规模、投资、变量非负、工程最早和最晚投产时间等。

4. 多准则多层次模糊动态规划求解技术

根据动态规划的最优化原理，采用前向递推法求解，且阶段编号与阶段末编号一致，递推方程为

$$
\begin{cases}
F_t^*(\{S_t\}) = \underset{t}{FOPT}\{F_t^S(\{S_t\},\ d_t) + F_{t-1}^*(\{S_{t-1}\})\} \\
F_0^*(\{S_0\}) = 0
\end{cases} \tag{5-26}
$$

式中　　$\underset{t}{FOPT}$ —— 优化；

$F_t^*(\{S_t\})$ —— 第 t 阶段状态组合为 $\{S_t\}$，采用决策 d_n，第 1 至第 t 阶段(面临阶段)目标取优；

$F_t^S(\{S_t\},\ d_t)$ —— 第 t 阶段状态组合为 $\{S_t\}$，采用决策 d_t，兴建工程(组合)S 的阶段目标函数贡献数值；

$F_{t-1}^*(\{S_{t-1}\})$ —— 第 $t-1$ 阶段状态组合为 $\{S_{t-1}\}$，第 1 至第 $t-1$ 阶段目标取优；

$F_0^*(\{S_0\}) = 0$ —— 0 阶段没有工程兴建的情况。

第6章　水资源规划多目标风险型群决策理论与模型

6.1　水资源规划群决策问题的提出及决策特点

6.1.1　水资源规划群决策问题的提出

前面研究的是单决策者问题,对于多决策者的群决策方式问题就更加复杂了。由于缺水地区的水资源、跨流域调水工程水量在地区的分配比例制约着经济在区域上的发展结构,使得区域内多个地区(不同决策者)的利益是矛盾的,而且从流(区)域水资源决策整体角度来说它又是一个多目标决策问题,因此区域水资源决策是一个带有不确定性,包含有半结构问题和利益矛盾问题的多目标决策。面对像这种包括跨流域调水工程水量优化配置的水资源大型复杂系统的决策问题,个人决策能力已远远不能满足需要,决策过程各个阶段得有一群人参与,各种方案生成、筛选,直到最终抉择,都是由一个决策群体通过协调合作或谈判而共同完成的,这类由多个决策者参与的问题就是群体决策问题。

跨流域调水工程水量优化配置问题是将一定的外流域调水量分配给若干地区,这个分配问题满足三个条件:待分配的水资源是有限的,水资源是在多于两个以上的地区之间分配,各地区对水资源的需求量之和大于有限的调水资源量。水资源分配按个体决策相对来说比较简单,总体上来说有两种情况:第一种情况,决策者是"完全理性的",那么他会按收益最大来分配水资源;第二种情况,决策者是"有限理性的",他完全按自己的个人偏好确定水资源分配方案,这也不会出现任何冲突和争议。水资源分配的群体决策问题有两个特点:第一,这类决策大多是介于完全理性和非理性之间的有限理性决策;第二,群体决策成员按效用来表述自己的偏好,而效用又是因人而异的主观判断。这两个特点使水资源配置的群体决策比个体决策更为复杂。一般而言,由于多个决策者的价值观念和利益关系不一致,所得结果也不尽相同,如何在这些不同的结果中找出较为合理的或大家满意的结果是群体决策要解决的主要问题。

6.1.2　水资源规划群决策特点

由此看来,跨流域调水工程水量优化配置群决策问题存在以下几个方面特点。

6.1.2.1　半结构化和非结构化耦合的大系统决策问题

跨流域调水工程水量优化配置大系统决策问题中,不但存在大量结构化的可定量描述问题,还存在许许多多半结构化和非结构化问题,其中既包含着决策系统本身的动态变化特性,也存在着决策者和分析者对决策系统认识上动态变化的特性,不仅存在多个决策者与分析者对系统边界、结构与功能等概念认识上的模糊性,而且存在多个决策者难以定量描述的定性因素和目标冲突。这些问题往往很难进行定量化描述，需要根据各地区供水子系统协商所达成的调水量分配比例和专家的知识、经验，这时决策问题主要依靠分析人员和专家基于知识和经验进行直觉主观判断，为了克服个别专家的直观判断的片面性，提出了群体决策的要求。

6.1.2.2　冲突协商决策

跨流域调水工程水量优化配置决策大系统的各子系统都有独立的决策变量和目标函数，各子系统决策目的是优化各自个体的目标函数而不是整个大系统群体的目标函数，子系统互相关联，且整个大系统受有限调水量的约束。因此，如何协调处理跨流域调水系统中各子系统之间调水量分配上的矛盾与冲突，则是直接关系到工程能否正常运行的关键问题之一。为此，需要提出跨流域调水工程调水量优化配置的冲突协商决策模型，以辅助决策者进行调水量在各地区供水子系统之间的协调分配决策，提高决策成果的实用性和可接受性。

跨流域调水工程规划管理的决策问题，本质上就是一类复杂的定性与定量并存的多人多目标冲突型动态决策问题。为此，需研究群决策结合大系统多目标冲突协商决策理论相结合的交互式决策方法，以便对跨流域调水系统的调水量在各供水子系统之间的协商分配问题进行优化决策研究。

6.1.2.3　柔性决策的广泛存在性

在一个决策中，如果决策者是有限理性的，而且决策者的愿望和偏好、决策问题的约束条件和(或)决策目标是柔性的，称这样的决策为柔性决策。分析跨流域调水工程水量优化配置问题中柔性决策主要表现在以下几个方面：

(1)决策者是有限理性的，决策者掌握的信息是不充分的，决策能力是有限的。

(2)决策者的愿望和偏好是柔性的。首先，决策者经常用"尽可能大"、"尽可能接近"、"不低于"等语言变量来表达自己的愿望和偏好。例如，决策者可以说"缺水率不超过20%，尽可能接近20%"。由于语言变量具有不精确性，所以决策者的愿望和偏好是柔性的。其次，决策者不断学习新的知识，将在新的认识水平下调整自己的愿望和偏好，所有这些都说明决策者的愿望和偏好是柔性的。

(3)决策目标是柔性的。多目标经常是相互冲突的，改善某些目标会使其他一些目标劣化。所以，决策者要对多目标进行权衡，以获得满意的目标，即多目标是柔性的。

(4)一些约束条件是柔性的。例如，为了加快某地区经济发展，国家可以在原有水量分配基础上再增加一些水量，即放松约束；决策者采取各种奖惩或扶持补贴措施引导下级挖掘潜力，降低水资源消耗，这意味着可以加强资源约束。

6.1.2.4　水资源配置决策表现出多层次的主从递阶决策

随着人类社会与经济的发展，水资源配置决策问题规模越来越大，结构越来越复杂，涉及到对问题作出决策的人越来越多，而且这些决策者各自处于不同决策层次上。并且高一级决策机构(决策者)自上而下地对下级若干决策机构(决策者)行使某种控制、引导权，而下一级决策机构(决策者)在这一前提下，亦可以在其管理范围内行使一定决策权，但这种决策权相比处于从属地位。另外，在这种多层次决策系统中，每一级都有自身的目标函数，而越高层机构的目标越重要、越权威，越具全局性。因此，最终的决策结果往往是寻求使各层决策机构之间达成某种协调方案，在这一方案下既可使最高层决策机构的目标达到"最优"，也可使作为上级决策的"约束"的较低层决策机构的目标在从属位置上相应达到"最优"，即下层决策以上层决策变量为参数，这就是主从递阶决策问题的基本特征。

主从递阶决策问题有着广泛的实际背景。例如协商制定大型跨流域调水工程水量分配方案过程中，中央决策层从区域有关省(区)及全国的全局考虑，设立若干社会、经济、环境的发展考核目(指)标，并将其水量分配方案及国民经济发展战略规划的有关决策宣布给各省(区)，各省(区)决策层从自身的条件和利益出发，根据自身的权限亦对本省(区)的经济发展、环境保护及水资源开发利用等制定多个目(指)标，并各自对中央决策层的决策作出"最优"反应。由于中央决策层具有更大的权力，它可以通过各种直接与间接的控制与协调手段来"修正"各省(区)的决策，最终得到一个既充分体现中央利益，又充分体现各省、市利益的上、下均认为"好"的决策方案。当然，在整个决策过程中，中央利益自始至终都处于主导地位，而各省、市利益相对于中央而言则处于从属地位，也就是说，在整个决策过程中，以实现中央考核指标的最优为前提。

概括地说，像跨流域调水工程水量优化配置这一类决策问题的主从递阶决策主要特征表现为：①有多个相对独立的决策者参与决策，并有各自的目标函数与决策变量；②某个决策者或某些决策者的决策将影响到其他的某个决策者或某些决策者的决策；③整个决策系统呈分散递阶层次结构，不同层次上的决策者有不同的权力、利益，居于较高层次的决策者具有较大的权力；④由各决策者共同作出的最后决策应当是各决策者均可接受的满意决策。因此，将多目标群体决策问题看做一个两级优化问题，可采用递阶控制理论和主从对策方法进行研究。

6.1.2.5　随机与模糊环境下的水量优化配置群决策

针对求解这种不确定多目标风险决策模型的处理方法，国内外学者进行了广泛的研究，前面研究的单决策者模式是在一定满意度和可行度意义下求解多目标风险决策问题有效解的方法。但是不同决策利益群体的存在使得满意度差异性、可行度多样性、目标偏好不一致性等交织在一起，如何在这种复杂的不确定性环境下进行多满意度和多可行度群决策研究，也对跨流域调水工程水量优化配置决策提出了新挑战。

6.1.2.6　交互式决策是跨流域水量优化配置群决策的基本要求

交互式方法是可以使得决策人通过与分析者(或计算机)多次对话，加深对问题的理解，明确偏好结构，最终获得满意解的一种决策方法。交互式决策方法有其解决问题的灵活性和实用性，尤其对减轻群决策问题中的困难表现出了较好的效果。交互式群决策方法是在一般交互式决策方法上发展起来的，它不要求决策者事先宣布其偏好，甚至决策者的偏好是可改变的，这对于决策群体偏好的集结提供了极大的方便，通过对问题研究的深入和决策者相互的不断沟通，使各成员的偏好趋于一致，从而较易形成群体的一致偏好，且抉择的方案使群体的愿望值达到尽可能人。

综上所述，在水资源优化配置大系统中，要按照人类思维决策过程的特点，将定性与定量相结合，多目标决策与大系统冲突协商决策及柔性决策理论相结合，考虑水量配置主从递阶决策问题的特点，采用交互式群决策方法，使模型能反映决策者意志和模拟实际决策过程，提出解决水量优化配置决策问题的有效手段，即是本次大系统多目标风险型群决策理论研究的重要方面。为了更好地建立群决策方法，首先介绍群决策的含义及其基本理论假设，以便为本次群决策模型的建立打下坚实的理论基础。

6.1.3　群决策及其理论假设

20 世纪 80 年代以来，随着计算机技术的发展，关于群体决策的研究取得了许多新成果，受到国内外学者广泛的关注，已经拓展到诸如偏好分析、效用理论、社会选择理论、委员会决策理论、对策论、专家评价理论等研究领域，尽管如此，群体决策理论框架和方法论尚需继续完善，理论研究还满足不了实践需要。下面结合有关研究文献，描述群决策含义，并引入群决策理论的基本假设。

6.1.3.1　群决策含义

群决策是研究群体如何共同进行一项联合行动抉择，它要解决的问题主要侧重于集结群体中不同个体的偏好以形成群体偏好，然后根据群体偏好对一些方案进行排序，从中选择群体所最偏爱的方案。群决策理论和方法的研究在于描述群体决策行为机理、分析群体应如何决策，前者倾向于对群体决策系统结构、功能进行研究，偏重于理论性、描述性研究，后者倾向于探讨在一定决策准则下决策方法的规范性研究。

群决策主要有以下一些特点：决策者多于一人、决策对象复杂性、处理问题非结构化、处理方法集成化、方案不可试验性，群体决策研究的这些特点中任何一个都足以使得人们对群决策研究面临巨大困难。目前，群体决策理论研究主要有社会选择理论、群体效用理论、行为决策理论、模糊决策理论、谈判决策理论、博弈论。群体决策方法研究有：群体决策支持系统、交互式群体决策方法、评价方法、群体效用函数集结法。这要求在群体决定理论的研究和方法的探索中，既要继承已有决策理论的成果，又要遵循群体决策问题的特点，以进行有效的探索。

6.1.3.2　群决策理论的基本假设

群决策理论是建立在个体决策理论的基础上的，个体决策理论假设，如对决策者理性假设、偏好传递性要求等也是群决策假设。此外，群决策由于是多个决策者共同对问题作出决策，它又有自己的一些特点。不同的研究者由于研究目的不同，对群决策研究采用的假设也稍有不同，但对群决策来说以下假设是基本的：

(1)决策者难以作出完美决策，都可能会犯错误。这说明个体决策者在作决策时存在着犯错误的可能性，决策充满着风险和不确定性。

(2)至少有两名决策者需要共同负责决策。由于决策者需要共同负责进行决策，决策者的个数和决策者之间的本质关系直接影响到群体决策的决策过程、决策机制以及决策结果的质量。

(3)群决策一般来说是非结构化的复杂决策问题。这个假设指出群决策需要解决的问题往往庞大而且复杂，单个决策者的知识和精力都极为有限，难以作出令人满意的决策，需要集中群体决策者集体的智慧才能创造性地解决问题。

(4)群决策结果应该是个体决策者偏好形成一致或妥协之后得出的，即 Pareto 原则。由假设(1)可知，决策是有风险、不确定的，正是通过对个体偏好的一致集结，得到来自不同来源的信息，才大大减小了决策的风险和不确定性。

(5)群决策质量受到所采用的决策规则影响。在给定群决策其他因素不变时，所采用的决策规则不同会得出不同的决策结果。当采用不同的决策规则时，每个被选择方案都有机会成为最终的方案。

(6)群决策质量受个体与群体的关系影响。这说明决策个体对群体的忠诚程度对群决策具有影响。

(7)决策问题存在着一个客观事实或由决策者群体共同认可的标准，而决策个体给出的方案集合中的方案评估值是相对于客观事实或认可的标准的波动或偏离，也可认为决策群体中的每一个决策个体对决策方案集给出的偏好评判值视为对群的一致偏好评判值的偏离。为了极大化群决策的一致性，有理由认为理想的群偏好效用值与每个决策人偏好效用值的偏离应该最小。

(8)专家在相互独立的情况下对方案集合中各方案进行评判。因此，认为作为对各方案偏好效用的概率测度也是相互独立的离散随机变量。

(9)决策者对方案的评判不能为 0。假如某一个 $x_{ij}=0$，则 $b_{ij}=0$，即专家 i 对方案 j 的评估概率估计为 0，这时依据相对熵集结模型，专家群体对方案 j 的评估概率估计也等于 0。这说明如果专家 i 有肯定的判断，不管其他专家意见如何，专家群体都将把专家 i 的意见作为自己的判断，这时将出现独裁现象。

遵照群决策的基本理论假设，结合跨流域调水工程水量优化配置决策所具有的半结构化和非结构化的大系统、多目标、冲突协商决策、柔性决策、主从递阶决策、交互式、风险决策等特点，建立大系统多目标风险型群决策模型。下面分别建立基于群体满意度的水量优化配置群决策模型、基于群体偏好集结的调水工程方案选择排序群决策模型。

6.2　基于满意度的调水量优化配置大系统多目标风险型群决策模型

6.2.1　多层次多目标群决策问题描述

目前，单层次多目标决策问题的研究较多，而对像跨流域调水工程水量优化配置决策的两层多目标决策问题的研究较少，尤其是两层多目标群决策研究更少。这类两层次多目标群决策问题具有如下特点：①上、下层均为多目标群决策优化问题，上、下层决策群体各自控制着自身的决策变（向）量；②上层决策者较下层决策者有更大的权力和利益，下层决策者在满足自身需求情况下，必须充分满足上层决策者利益；③考虑到上、下层决策者之间属主从关系，最终所求得的两层决策问题最优解应该是上层决策者满意同时也是下层决策者可接受的；④决策过程是按照自上而下的顺序进行的，决策效果评价又要由下向上反馈以评价决策优劣。由此看来，对这类问题的研究单靠优化方法是不够的，必须利用对策论的有关知识。

对于跨流域调水工程水量优化配置问题的两层次递阶结构，假设第一级有 6 个参与调水量分配的省区(经济区)，按照前面建立的多目标(社会、经济、环境)决策的模型，构造二级递阶结构的多目标风险型群决策模型。

这一模型的决策机制是，首先，上级决策者宣布它的调水量决策向量和公共水资源决策向量，这一决策将影响下级各决策问题的目标函数与约束集合；然后，下级各决策者在这一前提下选取使自己的目标函数最优的当地地表水供水决策向量和当地地下水供水决策向量，这一过程反过来也会影响到上级决策问题的约束集与目标函数，进一步，上级决策者可以再调整它的决策向量，直到它的目标函数达到最优。分析上述问题，各下级决策变量除与上级有信息传递与交换外，在同级之间没有关联与信息传输。

实际上，上面问题的下级决策层的每个子系统(子区域)也包括工业、农业、生活、生态环境等四个决策者（部门），也属于群体决策范畴。

6.2.2　基于满意度的交互式多层次多目标风险型群决策模型

6.2.2.1　基于满意度的单层次多目标风险型群决策模型

借助于前面提出的满意度概念，引入决策个体对各个目标的满意度，用赋权方法导出决策个体总体满意度和群体联合满意度，提出在满足决策个体满意度水平的基础上，使群体联合满意度极大化作为群决策折衷的规则，根据这一规则得出群决策的最佳调和解。当个体满意度水平过高而使调和解不存在时，首先确定各个体让步总量，然后求解使个体的总体满意度极大化问题，计算个体在各目标上的让步分量。整个调整过程通过迭代逐步进行。在降低和修正各满意度水平过程中，既考虑了各决策个体在决策中的实际地位，又使总体满意度尽可能大，因而是合理的。

设决策群体 G 由 n 个有效决策个体 $DM_i(i=1, 2, \cdots, n)$组成。其中每个 DM_i 的决策问题经过规范化处理后可表达为

$$\max_{x \in X} F_i(x) = \left(f_1^i(x), f_2^i(x), \cdots, f_{m_i}^i(x) \right)^{\mathrm{T}} \tag{6-1}$$

式中　$f_j^i(x)(i=1, 2, \cdots, n; j=1, 2, \cdots, m_i)$ ——第 i 个决策个体 DM_i 的第 j 个目标函数；

　　　　X——决策方案集。

从而多目标群决策问题的数学模型为

$$\max_{x \in X} F(x) = \left(F_1(x), F_1(x), \cdots, F_n(x) \right)^{\mathrm{T}} \tag{6-2}$$

前面在风险决策中提到满意度的概念，这里称函数 $P_j^i(x)$ 为决策个体 DM_i 对目标 j 的满意度函数。将多个满意度进行集结就构成了总体满意度。

6.2.2.2　基于满意度的多层次多目标风险型群决策模型

1. 两层次多目标决策问题

上面所考虑的群决策是针对这样的情形：决策个体在群决策中地位虽有量的差别，但无层次的差别。若群决策中决策个体处在若干不同优先级(层次)上，即他们地位之间具有“主从”不对称性，对于这种情形的多目标群决策问题就是下面要讨论的。

一般地，两层次多目标决策问题具有如下的形式：

$$\max\left\{FF_1(x,\ y),\ FF_2(x,\ y),\cdots,\ FF_N(x,\ y)\right\}$$

$$\max\left\{F_1(x,\ y),\ F_2(x,\ y),\cdots,\ F_n(x,\ y)\right\}$$

式中：$N>1$，$n>1$；x 可理解上层决策者分配给下层各决策者(子区域)的公共水资源量的向量，y 可理解为针对上层决策分配给下层决策者(该子区域)的公共水资源量的向量，本区域自身水资源向量的供给向量。

通过单层次群决策求解最佳调和解后，这样下层群决策偏好是明确的，在下层决策者偏好信息明确时，假定他对上层决策 x 的反应函数为 $y=y(x)$，则上面的两层多目标决策问题等价于如下单层多目标决策问题：

$$\max\left\{FF_1(x,\ y(x)),\ FF_2(x,\ y(x)),\cdots,\ FF_L(x,\ y(x))\right\}$$

2. 转换的两层次单目标决策问题

对于任意 $\bar{x}\in X$，如果 $(\bar{x},\ \bar{y})$ 满足上面下层问题的约束条件，且 $\bar{y}$ 是下层问题在 $x=\bar{x}$ 条件下的非劣解，则称 $(\bar{x},\ \bar{y})$ 为两层多目标群决策问题的可行解，记所有可行解组成的集合为 S。

当且仅当：$\left(\hat{x},\hat{y}\right)\in S$，不存在 $(x,\ y)\in S$，使 $FF_j(x,\ y)\geqslant FF_j\left(\hat{x},\hat{y}\right)$，对 $j=1,\ 2,\ \cdots,\ N$ 成立，且其中至少有一个 "$\geqslant$" 严格成立，则称 $\left(\hat{x},\hat{y}\right)$ 为上述两层次多目标群决策问题的非劣解。

如果 $(x^*,\ y^*)$ 为上面两层次多目标群决策问题对两个决策者的最佳调和解，当且仅当它是如下两个层次单目标决策问题

$$\max V_1\left(FF_1(x,\ y),\ FF_2(x,\ y),\cdots,\ FF_N(x,\ y)\right)$$
$$\text{s.t.}\quad x\in X$$

和

$$\max V_2\left(F_1(x,\ y),\ F_2(x,\ y),\cdots,\ F_n(x,\ y)\right)$$
$$\text{s.t.}\quad g(x,\ y)\leqslant 0\quad y\in Y$$

的最优解，其中 $V_1(\cdot)$、$V_2(\cdot)$ 分别为上、下层决策者的效用函数。

经验表明，一个有效的多目标交互式方法就要求这些辅助问题能提供给原问题尽可能多的非劣解。

3. 基于满意度的交互式多层次多目标风险型群决策求解方法

若每次交互时提供给决策者多个非劣解往往会使决策者难以作出选择。为此，本次采用下述方法：每次迭代、计算后仅向决策者提供一个非劣解，请他们判断是否满意，如果满意，则用它作为决策者近似最佳调和解；否则，要求决策者定性地指出该非劣解对应的目标值中，哪几个使决策者不满意，而哪几个可以作出调整。显然，这些要求对决策者来说是较为 "宽松" 的，而关键问题是如何实现之并能寻求到决策者的近似最佳调和解。对于决策者不满意的非劣解的目标分量值，可通过增加其相应分量权重值来改进，而对那些可以放宽要求的目标分量值，可通过减少其对应分量权重值来实现。

在利用基于满意度表示单层多目标问题，即下层决策者偏好明确时的两层多目标决

策问题的非劣解的基础上，并按上述决策者偏好估计方法所设计的交互式决策方法，可得到一个逼近群决策者最佳调和解的非劣解序列。

基于满意度的多层次多目标风险型群决策的交互式算法步骤如下：

步骤 1：了解下层决策者的偏好结构，估计下层决策者的偏好函数 $V(\cdot)$。

步骤 2：输入算法中的参数 r，令迭代计数器 $k=1$。

步骤 3：在权空间 Λ 中随机地产生一个权向量，记为 $\lambda(k)$。

步骤 4：令 $\lambda = \lambda(k)$，求解满意度模型，得到一个非劣解 x^k。

步骤 5：让决策者判断对非劣目标向量值 $F(x^k, y(x^k))$ 是否满意。如果满意，输出 $(x^k, y(x^k))$ 作为两层次多目标群决策问题中上层决策者的调和解；否则，由决策者指出必须改进的目标分量，令其下标为 j_1, j_2, $\cdots$, j_n，指出可以"放松"要求的目标分量，记其下标为 m。

步骤 6：按照上面的计算式产生新的权向量 $\lambda(k+1) \in \Lambda$，转步骤 4。

6.3 基于满意度的调水工程方案选择排序大系统多目标风险型群决策模型

跨流域调水工程方案选择是与水量优化配置效果密切相关的，它是以水量优化配置群决策为条件的，在针对某一跨流域调水工程方案群决策的水量优化配置确定后，即可按照前面的方法进行调水工程方案的选择与排序。前面的决策问题研究，是将多目标优化问题转换为单目标优化问题，其实质是一种单决策者模式，在这种情况下，单决策者可能前面提出的不确定型决策方法、风险型决策方法、多目标风险型决策方法的某一准则选择调水工程开发方案及其开发程序，虽然不同决策准则选择的方案及开发次序可能不同，但是在决策准则确定条件下，单决策者对方案的选择具有唯一性。但对于多决策者情形下情况则截然不同，若甲决策者在第一轮对话时坚持选择调水工程方案 2，乙决策者坚持选择调水工程方案 1，而丙决策者却又坚持选择调水工程方案 3，这样由于调水工程方案选择的不一致性，则没有一个共同接受的调水工程方案选择、排序。这就要求研究将不同决策者选择的不同方案"综合或妥协"成为多决策者接受的同一方案，这就是下面要着重研究的群决策问题。

群决策解决的问题是集结群决策者中每个决策者的偏好为群体偏好，然后根据群体偏好对一组方案(包括各种方案和由它们产生的后果)进行排队，从中选择群体所最偏好的方案。因此，一般来说个体决策的目标函数是最大化决策者个体效用，而群体决策目标函数往往是在决策者的不同偏好之间寻找一致或妥协。

按照单决策者模式下的调水工程方案选择排序的多目标风险决策模型，个体决策者可以按照其相应的决策准则(决策准则也包括对目标、指标权重偏好的差异)选择其满意的开发方案和开发次序，但对于多决策者来说往往选择的方案是不同的。单决策者在选择开发方案时，按照其决策准则对不同方案按其评判值(准则确定下的计算值)进行评价排队，这个评判值即是不同决策者对方案的定量评价，考虑不同决策准则评判的数值量级可能相差较大，因此要将其进行归一化处理。在单决策者方案偏好确定及选择的基础上，运用基于偏好集结的群决策方案选择模型、选择开发方案，这种方法是通过将群体中各决策者对于调水方案赞同的判断进行集结，并以隶属度最大原则选择调水开发方案，并研究了将调水工程方案选择排序看成一个多层次决策问题，通过建立基于满意度的多层次交互式群决策方案评价模型，进行调水工程的方案选择与开发次序研究。由此看来，群决策问题本质上是一个集结问题，在一定假设条件下群决策问题可以转换为一个数学优化问题。

前面的研究是将方案分成前后相联系的方案选择、开发次序研究模型。这里将开发方案选择、开发次序研究按照两个层次进行群决策研究，下层次主要是进行调水方案满意度计算，上层次主要是在下层各方案满意度计算的基础上，进行不同的研究水平年调水方案选择，并进而确定其开发次序。调水工程方案的选择、排序是与调水量优化配置密切相关的，所以调水量配置过程中体现出来的交互式决策特点，在工程方案选择过程中依然表现出交互式决策的特点。这里只给出工程方案选择、排序两个层次的群决策选择及其直接的研究关系处理问题。

6.3.1　基于调水工程方案选择满意度的单层次群决策模型

前面的决策问题研究是将多目标决策问题转换为单目标决策问题，其实质是一种单决策者模式。在三决策者情形下，若甲决策者在第一轮对话时坚持选择调水工程方案 3，而乙决策者坚持选择调水工程方案 2，而丙决策者坚持选择调水工程方案 4，则没有一个共同接受的方案。为了保证决策过程进行下去，数学模型中引入了满意度概念，以协调不同决策者的利益冲突。在 X 个决策者、Y 个调水工程方案、Z 个目标(考虑 3 个目标)情形下，每个决策者通过综合判定每个调水工程方案的指标，从 Y 个调水工程方案中选出自己最偏爱的方案，作为该决策者的理想调水工程方案。在 X 个决策者的情况下，将会有 X 个理想调水工程方案，其中部分理想调水工程方案可能是相同的，即一个以上的决策者选取了同一个备选调水工程方案。显然，对某个决策者而言，其余各调水工程方案的目标值与该决策者利益理想点的接近度，即是该决策者对其余相应各个调水工程方案的满意度。

在每个决策者对全部备选方案经评判得到满意度后，对 Y 个备选方案中的每个方案而言，可综合出各个决策者的满意度，从而得到每个备选调水工程方案的综合满意度。显然，具有最大综合满意度的备选调水工程方案应是各决策者能够共同接受的方案。由于经过协调达成了协议，因而多决策者问题便转化为单决策者问题。具体的模型构造如下。

6.3.1.1　决策矩阵及其规范化

开发方案优选属有限个方案的多目标决策问题。以向量 $X = \{x_1, x_2, \cdots, x_m\}$ 记可供选择的跨流域调水工程方案的集合，并用向量组 $y_i = \{y_{i1}, y_{i2}, \cdots, y_{in}\}$ $(i = 1, 2, \cdots, m)$ 记第 i

个方案各属性值的集合，其中分量坐标 y_{ij} 是第 i 方案的第 j 属性值。各方案指标值构造为如下决策矩阵：

$$A = \begin{matrix} & \text{指标1} & \text{指标2} & \cdots & \text{指标} n \\ \text{方案1} \\ \text{方案2} \\ \vdots \\ \text{方案} m \end{matrix} \begin{bmatrix} y_{11} & y_{12} & \cdots & y_{1n} \\ y_{21} & y_{22} & \cdots & y_{2n} \\ \vdots & \vdots & \cdots & \vdots \\ y_{m1} & y_{m2} & \cdots & y_{mn} \end{bmatrix}$$

决策矩阵提供了分析决策问题的基本信息，决策矩阵若使用原指标属性值，由于物理量纲各不相同，数值可能有很大差异，将不便于比较。故此，将其规范化后采用变换是区间相对值化或线性变化：

$$z_{ij} = \frac{y_{ij} - \min\limits_i y_{ij}}{\max\limits_i y_{ij} - \min\limits_i y_{ij}} \quad \text{或} \quad z_{ij} = \frac{y_{ij}}{\max\limits_i y_{ij}} \tag{6-3}$$

$$z_{ij} = \frac{\max\limits_i y_{ij} - y_{ij}}{\max\limits_i y_{ij} - \min\limits_i y_{ij}} \quad \text{或} \quad z_{ij} = 1 - \frac{y_{ij}}{\max\limits_i y_{ij}} \tag{6-4}$$

式中　y_{ij}——第 i 方案第 j 指标值；

$\max\limits_i y_{ij}$——所有方案第 j 列最大指标值；

$\min\limits_i y_{ij}$——所有方案第 j 列最小指标值。

式(6-3)适用于效益型指标，如分配水量、年发电量等；式(6-4)适用于成本型指标，如投资、淹没损失等。

6.3.1.2　建立计算满意度的跨流域调水工程方案选择模型

不存在各评价指标同时达到最优的跨流域调水工程方案，因此采用多目标决策方法选择各评价指标相互协调的"满意"方案。

逼近于理想解的跨流域调水工程方案选择方法是借助于多目标决策问题的"理想解"和"负理想解"去排队。所谓理想解是设想最好解(跨流域调水工程方案)，其属性值都达到各候选跨流域调水工程方案最好值；而负理想解是另一设想最坏解(跨流域调水工程方案)，其属性值都达到各候选跨流域调水工程方案最劣值。虽然对于多目标决策中原有方案集中并没有这种理想解和负理想解，但若将实际解与理想解和负理想解作比较，如其中有一个解最靠近理想解，同时又远离负理想解，这个解即是方案集中最好解，用这种方法可将所有方案排队。

推广到一般情况，设研究 n 个方案和 m 个属性的决策问题，采用欧几里得范数作为距离测度，解 x^i 到理想解 x^* 的距离

$$S_i^* = \sqrt{\sum_{j=1}^m \left(y_{ij} - y_j^*\right)^2} \qquad (i = 1, 2, \cdots, n) \tag{6-5}$$

式(6-5)中 y_{ij} 是解 y^i 的第 j 个分量，即第 j 个属性的规范化加权值；y_j^* 是理想解 y^* 第 j 个分量。类似，可定义解 y^i 对负理想解 y^- 的距离

$$S_i^- = \sqrt{\sum_{j=1}^{m}\left(y_{ij} - y_j^-\right)^2} \qquad (\ i = 1,2,\cdots,\ n\ ) \qquad (6\text{-}6)$$

此外，还定义某一解 y^i 对理想解相对接近度(满意度)为：

$$C_i^* = \frac{S_i^-}{S_i^* + S_i^-} \qquad (\ 0 \leqslant C_i^* \leqslant 1;\ i = 1,2,\cdots,\ n\ ) \qquad (6\text{-}7)$$

因此，若 y^i 为理想解 y^*，若 C_i^* 为 1，若 y^i 为负理想解 y^-，则 $C_i^* = 0$。一般解(方案) C_i^* 值为 $0 \sim 1$，C_i^* 值愈接近 1，则相应方案愈应排前。

6.3.1.3　计算不同决策者对每个方案的满意度

将每个决策者的一组理想值与其他调水工程方案比较，得到各个方案的相对满意度值。

6.3.1.4　计算不同方案的群体总满意度

计算各个方案总的满意度，满意度最大方案为群决策结果。

6.3.2　基于调水工程开发次序满意度的多层次群决策研究模型

以上讨论的群决策问题仅限于同一层次的各决策者之间。不同层次的决策者之间一般不能用简单利益关系衡量，而是要通过上层决策者的跨流域调水工程水量分配政策导向，使下层决策者达成一致。在开发次序研究问题的上层决策者看来，尽管所推荐的若干备选方案经过下层决策者的协商妥协已经产生了综合满意度，但这些方案的满意度次序与距上级开发次序研究政策理想点的满意度的次序并不一定完全一致，也就是说，不能完全按照上面计算的满意度作为选择开发次序的依据。因此，还有必要进行上、下层两个决策者之间的对话。上、下层决策者之间对话是在下层决策者之间的对话结束、各方案的满意度已经计算出来之后进行的。所谓政策接近度，即政策点(不同时期各开发方案要求的理想目标值、指标值等)与各个备选跨流域调水工程方案在一系列对应目标、指标上的某种广义距离。对于上层决策者来说，若干个方案就有相应数目的方案开发期，上层决策者给出每一个开发时期(比如说 2020 年、2030 年、2050 年等)的水资源配置政策理想点，比如说调水量满意度、各省区供水量满意度、缺水量满意度、风险指标满意度、约束条件可行度等。

有了不同时期开发方案的政策点与各备选方案点，两点之间的某种广义距离便可计算出来，即政策接近度。通过不同开发时期(比如规划水平年 2010 年、2020 年、2030 年等)政策偏离度的计算，每个备选方案在不同的开发时期既有政策接近度的值，又有满意度的值。上层决策者通过计算各个备选方案的政策接近度，来评价和选择方案；下层决策者通过各个方案的满意度来共同选择方案；而二者的结合，则是通过方案的综合满意度的计算来完成的。

为了计算各参与排序方案的综合优先度，首先要确定上、下层决策者的层权重。一旦层权重确定后，方案的综合优先度立即可通过上层的政策偏离度与下层的方案不满意

度加权得到。显然，在不同的宏观政策导向下会有不同的各个备选方案的政策接近度序列，因而也会影响到方案的综合优先度，通过这种方法，可以研究政策变化对调水工程方案的影响。

在调水工程方案综合优先度计算出来之后，多层次决策模式已经归结为单层次决策模式。分析不同的水平年(如 2020 年、2030 年等)，各个调水工程方案与相应水平年的政策理想点的综合满意度值后，即可分析出各个不同时期不同调水工程方案的具有综合优先度最大值的那个方案，显然是上、下层决策者共同推荐的开发方案。这样就可将不同水平年的各调水工程开发方案选择出来，若某一个调水工程方案在其研究的开发水平年已经优选，则首先将这个方案从方案集合中去掉。依次类推，可以确定出所有参与排序方案的开发次序。

上面计算的单层次满意度，可以作为两层群决策的下层群决策满意度。

对于理想点，可以给出政策理想点的各目标值(指标值)，采用同样的方法进行归一化处理后，得出政策理想点向量 $\{p_1, p_2, \cdots, p_L\}$，采用上述满意度计算方法可得出第 j 方案相对于政策理想点的接近度 PR_j，综合这两个层次的满意度，便得出综合满意度，令 GTR_j 为第 j 方案的综合满意度，则：

$$GTR_j = a_1 \times PR_j + a_2 \times R_j$$

显然，在 GTR_j 中值最大的就是最理想方案，是所有决策者达成妥协的结果，按照 GTR_j 由大到小可以将不同规划水平年调水工程方案的开发方案优选出来。

第 7 章　某大型跨流域调水工程调水量配置及方案选择排序研究

7.1　研究问题的提出

7.1.1　HH 流域水资源基本情况

　　HH 流域水资源的可持续利用是该区域社会经济可持续发展的关键,该区域丰富的土地、矿产和能源资源等优势条件的发挥,都需要水资源的支撑和保证。HH 流域属干旱半干旱地区,水资源贫乏。随着社会和国民经济的发展,对 HH 水资源需求不断增加,水资源供需矛盾越来越突出。下游频繁断流是 HH 流域水资源供需失衡的集中体现,缺水已成为该地区社会和经济可持续发展的主要制约因素。根据 HH 流域水资源供需平衡预测,21 世纪中叶之前的 HH 流域将长期面临供需矛盾的巨大压力。因此,合理配置、优化调度、有效保护 HH 水资源,并在可能与条件成熟的适当时机实施跨流域调水,最大限度地满足该地区国民经济各部门对水的需求,促进水资源与生态环境系统良性循环,对 HH 流域社会经济的可持续发展和生态环境的改善,具有重大的战略意义。

　　HH 流域水资源是我国西北和华北部分地区的重要水源,不但要供给流域内各部门用水,同时还为流域外邻近地区供水。一方面促进了国民经济的发展和人民生活水平的提高,另一方面也挤占了生态环境用水。为了使国民经济能够持续发展和 HH 水资源可持续利用,必须保持一定的生态环境需水量。HH 流域水资源的配置需要综合考虑国民经济和生态环境需水,以满足 HH 水资源开发利用多目标的要求和该地区经济社会可持续发展的需要。

　　HH 流域水资源地表水资源量多年平均为 580 亿 m³,其中生态环境需水量为 210 亿 m³,在没有实施本次研究的大型跨流域调水工程的条件下,可供国民经济和社会发展的水资源量为 370 亿 m³,HH 流域上中游六省区,本次研究的大型考虑调水工程的供水区域,行政计划配置水资源量 224 亿 m³,下游及其他相关地区 146 亿 m³。地下水资源量110 亿 m³,分布于流域内各省(区),其中上中游六省区为 85 亿 m³。

7.1.2　HH 流域水资源需求预测

　　根据 HH 流域宏观社会经济发展的可能,结合生态环境需水,对 21 世纪上半叶现状(没有大型跨流域调水工程实施,消耗完 HH 流域水资源)、2020 年、2030 年和 2050 年的水资源供需进行预测。考虑林草灌溉用水与种植业灌溉用水性质一样,因此将其合并为同类用户,即农业灌溉。生活用水的保证程度高于工业,目前对其价值量的定量计算还没有一套成熟的可操作方法,且在实际供水中,生活供水又与工业供水密切相关、难以区分，其价值量计算目前暂按工业用水效益计算，并将工业与生活用水合并为同一类，即工业生活。为了反映经济发展与生活水平提高的不确定性及其对用水需求的影响，在本次需水预测中设定高、中、低三种情景方案，相应提出三种预测结果，不同水平年，农业灌溉与工业生活需水预测中、高、低三情景方案的结果分别见表 7-1、表 7-2、表 7-3。另外，还有一类用户是指生态环境用水，现状生态环境用水 10 亿 m³，根据预测研究，2020 年、2030 年、2050 年生态环境耗水量分别增加 17 亿 m³、40 亿 m³、63 亿 m³。

表 7-1　HH 流域三类用户不同水平年各省区需水预测表(中方案)　　(单位：亿 m³)

省区	现状		2020 年		2030 年		2050 年	
	农业灌溉	工业生活	农业灌溉	工业生活	农业灌溉	工业生活	农业灌溉	工业生活
QH	11	5	11	10	11	13	11	15
GS	26	13	26	22	29	29	29	39
NX	56	7	56	10	56	11	56	13
NM	55	11	55	16	55	19	55	26
SX	46	16	46	24	48	33	48	52
ST	32	21	32	34	34	41	37	65
合计	226	73	226	116	233	146	236	210
总计	309(生态 10)		359(生态 17)		419(生态 40)		509(生态 63)	

表 7-2　HH 流域三类用户不同水平年各省区需水预测表(高方案)　　(单位：亿 m³)

省区	现状		2020 年		2030 年		2050 年	
	农业灌溉	工业生活	农业灌溉	工业生活	农业灌溉	工业生活	农业灌溉	工业生活
QH	11	5	11	11	11	15	11	18
GS	26	13	26	24	29	32	29	44
NX	56	7	56	11	56	13	56	16
NM	55	11	55	17	55	22	55	30
SX	46	16	46	26	48	36	48	58
ST	32	21	32	37	34	45	37	72
合计	226	73	226	126	233	163	236	238
总计	309(生态 10)		369(生态 17)		436(生态 40)		537(生态 63)	

根据预测研究，现状水平年将消耗完 HH 流域分配于上中游六省区的水资源量 309 亿 m³，2020 年、2030 年、2050 年中方案分别缺水 50 亿 m³、110 亿 m³、200 亿 m³；低

方案的三个水平年分别缺水 40 亿 m³、93 亿 m³、172 亿 m³；三个水平年高方案分别缺水 60 亿 m³、127 亿 m³、228 亿 m³。

表 7-3　HH 流域三类用户不同水平年各省区需水预测表(低方案) （单位：亿 m³)

省区	现状		2020 年		2030 年		2050 年	
	农业灌溉	工业生活	农业灌溉	工业生活	农业灌溉	工业生活	农业灌溉	工业生活
QH	11	5	11	9	11	11	11	12
GS	26	13	26	20	29	26	29	34
NX	56	7	56	9	56	9	56	10
NM	55	11	55	15	55	16	55	22
SX	46	16	46	22	48	30	48	46
ST	32	21	32	31	34	37	37	58
合计	226	73	226	106	233	129	236	182
总计	309(生态 10)		349(生态 17)		402(生态 40)		481(生态 63)	

从预测来看，在无外调水资源的条件下，现状水平年区域社会经济的发展已消耗完 HH 流域可利用水资源，随着社会经济的持续发展，区域将出现缺水，但在没有实施 NSBDXX 工程条件下，近期主要是加强水资源统一管理、调度和节水，中期是修建干流调蓄水库。在 2020 年中方案区域缺水 50 亿 m³，缺水占需水量的 13.9%，属于中度缺水，仅靠 HH 流域水资源已难满足需水要求，此时需实施第一期跨流域调水工程，实现调水量 40 亿~50 亿 m³；在 2030 年中方案区域缺水 110 亿 m³，缺水占需水量的 26.3%，这时即使在 2020 年已实施调水量 40 亿~50 亿 m³ 的前提下，仍需实施第二期跨流域调水 50 亿~60 亿 m³；2050 年中方案区域缺水 200 亿 m³ 左右，缺水占需水量的 39.3%，在已经实施第一、二期调水工程的条件下仍需实施第三期调水工程，再调水 90 亿~100 亿 m³。

7.1.3　NSBDXX 跨流域调水工程概况

根据对 2020 年、2030 年、2050 年 HH 流域缺水的预测估计，目前正在开展 NSBDXX 跨流域调水工程的前期研究工作，以使得在 HH 流域水资源相应规划水平年的水资源需求能够得以满足，减少缺水对区域社会经济发展的影响。

根据目前的研究，NSBDXX 跨流域调水工程拟从 CJ 上游的三条河流 TTH、YLJ、DDH 调水到 HH 上游，目前研究的三条河最大调水量为 170 亿 m³。其中 TTH 调水河流初步推荐了四个国民经济评价上经济合理的调水方案 T_1、T_2、T_3、T_4，调水量分别为 70 亿 m³、75 亿 m³、75 亿 m³、80 亿 m³；YLJ 调水河流初步推荐了五个经济上合理的调水方案 Y_1、Y_2、Y_3、Y_4、Y_5，调水量分别为 35 亿 m³、35 亿 m³、45 亿 m³、45 亿 m³、50 亿 m³；DDH 调水河流初步推荐了两个经济上合理的调水方案 D_1、D_2，调水量均为 40 亿 m³。

7.1.4　研究问题的提出

本次研究针对 HH 流域未来水资源的需求，在考虑跨流域调水工程调水量与 HH 流域本区域的水资源联合优化调配的基础上，选择 NSBDXX 跨流域调水工程三条调水河流的开发方案及其开发次序。具体研究内容有两个方面：

(1)考虑跨流域调水量及 HH 流域水资源联合优化配置，运用提出的调水工程方案选择排序的大系统多目标风险型决策理论与模型，优选三条调水河流的开发方案，并提出三条河流的开发次序及其实施意见。

(2)结合 TTH、YLJ、DDH 三条调水河流开发方案的选择及其开发次序和实施意见的研究，运用水量优化配置的大系统多目标风险型群决策理论与模型，研究各水平年不同调水量方案的水量优化配置决策问题。

7.2　调水量优化配置及调水方案选择排序研究思路

通过对上面提出的两个研究问题的特点进行分析，可以看出这两个问题是相互关联的：一方面，跨流域调水量优化配置的研究要以跨流域调水工程开发方案的选择与排序为条件与前提；另一方面，跨流域调水工程方案的选择与排序要以水量优化配置反馈的水量配置的社会、经济、生态环境效果等为评价依据。无论是工程方案的选择还是水量优化配置方案的优选，都存在大量的甚至是无穷多的方案，若将其作为一个整体进行统一研究，方案的耦合组合将是巨大的，这势必带来严重的维数灾，而且还将使得本来就存在的各子系统的不确定性与风险交织耦合在一起，处理与解决起来就更加困难，从目前来看，一般模型是难以做到的。因此，本次将其分解为调水量优化配置、调水工程方案选择排序两个子系统分别研究，并通过调水量与配置效果进行关联，建立的大系统结构见图 7-1。

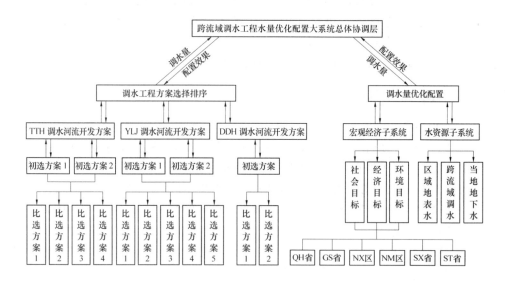

图 7-1　NSBDXX 调水工程水量优化配置及调水方案选择排序的大系统结构图

在大系统总体分解协调结构建立的基础上，又对两个子系统分别研究了其递阶结构。针对调水工程方案选择排序子系统建立的递阶结构从上到下为调水河流开发次序研究、调水河流开发方案选择、调水河流开发方案初选、比选方案研究。针对水量优化配置子系统，又细分解为宏观经济子系统、水资源子系统两个关联的子系统，宏观经济子系统水量配置效果评价的目标包括社会目标、经济目标、环境目标，宏观经济分成六个省区(子区)即 QH 省、GS

省、NX 区、NM 区、SX 省、ST 省；水资源子系统分解为区域地表水、跨流域调水、当地地下水三类水资源。

水量优化配置、调水工程方案选择两个子系统是相互关联的，从研究方法与模型来看，各自也是自成体系的，两个子系统需要关联研究，这里为了描述的清晰、保持方法的完整性与条理性，对两个子系统的研究按照问题的逻辑关系分别对成果进行反映与描述。

7.3　基于大系统多目标风险型群决策模型的调水方案选择与开发次序研究

通过对上面问题的分析研究可知，研究调水工程方案的开发次序，若要将每条调水河流的方案放在一起进行组合研究，即使在调水量优化配置只有一个方案的情况下，按照枚举法共计有 240($P_3^3 \times C_5^1 \times C_4^1 \times C_2^1$)个方案，而实际上，每个组合方案又要进行跨流域调水工程调水量与区域各种水资源联合调配优化配置，才能评价其效果，这样的话，工作量是非常大的。为此，按照上面建立的工程方案选择排序子系统的递阶结构图，对该研究问题进行分层次研究，首先，进行工程方案的初步选择；其次，对初步选择的方案优选独立的三条河流开发方案；再次，进行开发次序研究。

7.3.1　调水工程方案的初步选择

7.3.1.1　TTH 与 YLH 调水河流方案的初步选择

采用基于方案综合评价的多目标模糊整数规划模型，进行工程方案的初步优选，步骤如下：首先，选择方案的综合评价指标，本次选择的指标有经济指标(静态投资、工期等)、工程规模(调水量、枢纽坝高等)、地质条件(地震烈度、线路活动构造条数及长度等)、施工条件(坝址高程、坝址区全年施工天数等)、环境影响(淹没损失、坝下最小下泄流量等)、运行条件(正常蓄水位、线路进出口高程等)等 6 大类共 36 个指标；其次，以各调水河流不同方案各理想评价指标形成理想方案，计算各方案对理想解的相对接近度；再次，以工程开发与否的 1、0 变量作为决策变量，分别以各方案的相对接近度、调水量、选择工程数目作为目标函数的价值系数，构造多目标模糊整数规划模型，并以选择工程数目为 2 进行开发方案的初步选择；最后，求解得到 TTH 调水河流初步选择的两个方案为 T_3、T_4，YLJ 调水河流初步选择 T_4、T_5 两个方案。

7.3.1.2　DDH 调水河流开发方案的选择

DDH 调水河流方案比较选择了两个比选方案，这两个方案的调水量相同，均为 40 亿 m³，D_1 方案的费用现值小于 D_2 方案的费用现值，因此采用费用现值最小法，应选择方案 D_1。另外，按照上面的综合比较的思想，计算两个方案相对理想方案的接近度分别为 0.853、0.621，由此知，综合评价也表明 D_1 为较优方案。

7.3.2　基于差额经济内部收益率的经济优选动态规划模型优选开发次序

按照上面的研究，初步选择了 TTH 调水河流的调水方案 T_3、T_4，YLJ 调水河流的调水方案 T_4、T_5，DDH 调水河流的调水方案 D_1，由这三条调水河流，形成由 T_3、Y_4、D_1 构成的单独调水方案布局与由 T_4、Y_5、D_1 构成的联合调水方案布局，下面的研究就是针对这两大布局分别研究开发次序。

从初步的水资源需求与缺水过程的分析来看，T_3、T_4 方案调水量分别为 75 亿 m^3、80 亿 m^3，不可能在 2020 年生效，在第一期调水工程于 2020 年生效的前提下，也不可能在 2030 年生效，因此其生效的时间只能在 2050 年左右。所以调水工程方案的选择与比较也就是 D_1 方案与 YLJ 调水河流初步选择的方案 Y_4、Y_5 的比较，而 Y_4、Y_5 又是互斥的两个方案，因此，开发次序的研究也就是 D_1 方案与 YLJ 调水河流的 Y_4(或 Y_5)孰先孰后开发的问题。

采用基于差额经济内部收益率的经济优选动态规划模型研究可知，联合布局 $Y_5+T_4+D_1$ 的 $D_1 \rightarrow Y_5$ 方案、$Y_5 \rightarrow D_1$ 方案的经济内部收益率分别为 14.26%、13.93%，$Y_5 \rightarrow D_1$ 方案投资费用较小，两方案差额内部经济收益率为 12.69%，由此可知，联合布局方案的最优开发次序为 $D_1 \rightarrow Y_5 \rightarrow Y_4$。

采用基于差额经济内部收益率的经济优选动态规划模型研究可知，单独布局 $Y_4+T_3+D_1$ 的 $D_1 \rightarrow Y_4$ 方案、$Y_4 \rightarrow D_1$ 方案的经济内部收益率分别为 12.47%、12.28%，$D_1 \rightarrow Y_4$ 方案投资费用较大，两差额内部经济收益率为 12.36%，由此可知，单独布局方案的最优开发次序为 $D_1 \rightarrow Y_4 \rightarrow T_3$。

采用基于差额经济内部收益率的经济优选动态规划模型研究可知，单独布局开发次序为 $D_1 \rightarrow Y_4 \rightarrow T_3$，联合布局开发次序为 $D_1 \rightarrow Y_5 \rightarrow T_4$，其投资费用现值较大，这两个布局方案孰优孰劣仍需进一步比较，这两个方案的经济内部收益率分别为 12.47%、12.28%，其差额内部经济收益率为 12.36%，因此联合布局方案的开发次序 $D_1 \rightarrow Y_5 \rightarrow T_4$ 为优。

综上所述，选择 DDH 调水河流开发方案为 D_1、YLJ 调水河流开发方案为 Y_5、TTH 调水河流开发方案为 T_4。选择开发次序为 $D_1 \rightarrow Y_5 \rightarrow T_4$，总计调水量为 170 亿 m^3，其中第一、二、三期分别调水 40 亿 m^3、50 亿 m^3、90 亿 m^3。

7.3.3　运用多层次多目标模糊动态规划模型研究跨流域调水工程开发程序

前面是按照不考虑风险的决策评价结果，这里按照考虑风险的决策模型，研究开发程序。考虑缺水地区水量需求的过程，因此上面的两种布局方案组合为四个开发次序方案：$D_1 \rightarrow Y_5 \rightarrow T_4$、$Y_5 \rightarrow D_1 \rightarrow T_4$、$D_1 \rightarrow Y_4 \rightarrow T_3$、$Y_4 \rightarrow D_1 \rightarrow T_3$。前面的研究着重从确定型指标角度研究，这里从风险决策的角度研究开发次序，对每个组合的开发次序方案进行风险分析，并进行无量纲化处理，处理后的风险评价指标见表 7-4。

从表 7-4 中的分析可以看出，采用等权，按照乐观准则、折衷准则选择的开发次序是 $D_1 \rightarrow Y_5 \rightarrow T_4$，按照悲观准则选择的开发次序是 $Y_5 \rightarrow D_1 \rightarrow T_4$。由表 7-4 还可以看出，$Y_4 \rightarrow D_1 \rightarrow T_3$ 开发次序方案的风险较大，无论按照哪一个准则均没有选中该方案。因此，在下面的研究中首先淘汰该方案。

表 7-4　开发程序方案优选的多指标无量纲化计算

指标	权重	排序方案一 $D_1 \rightarrow Y_5 \rightarrow T_4$	排序方案二 $D_1 \rightarrow Y_4 \rightarrow T_3$	排序方案三 $Y_4 \rightarrow D_1 \rightarrow T_3$	排序方案四 $Y_5 \rightarrow D_1 \rightarrow T_4$
期望效益现值 BPV	0.125	1.000 0	0.355 2	0.300 0	0.461 4
单位投资期望净现值 E_0	0.125	1.000 0	0.012 2	0.103 5	0.484 0
风险收益 B^*	0.125	0.699 3	0.342 9	0.210 0	1.000 0
风险益损比 R^*	0.125	1.000 0	0.133 1	0.121 0	0.711 5
期望费用现值 CPV	0.125	0.355 7	0.937 3	1.000 0	0.343 7
风险率 P_*	0.125	0.125 0	0.625 0	1.000 0	0.093 8
风险损失 L_*	0.125	0.129 6	0.619 9	1.000 0	0.121 6
风险度 F_d	0.125	0.285 7	0.862 6	1.000 0	0.247 3
乐观准则的目标函数值		0.462 4	0.105 4	0.091 8	0.332 1
悲观准则的目标函数值		–0.112 0	–0.380 6	–0.500 0	–0.100 8
折中准则的目标函数值		0.350 4	–0.275 2	–0.408 2	0.231 3

7.3.4　运用大系统多目标风险型群决策模型研究开发程序

上面的决策是单决策者模式下，单决策者按照不同的决策准则选择开发次序方案，对于单决策模式，只要决策准则确定，其相应的优选方案也是确定的。但是，对于多决策者来说，可能会选择不同的决策准则，即使按照同一决策准则，由于对目标偏好的不同，比如权重确定的不同，也可能选择不同的开发次序方案。这样就没有一个共同接受的方案，这就是群决策模式下的调水工程开发次序选择问题。

这里采用群决策的相对熵集结模型研究多决策者的开发次序选择。决策方案集 A 由三个备选方案：A = $\{D_1 \rightarrow Y_5 \rightarrow T_4$，$Y_5 \rightarrow D_1 \rightarrow T_4$，$D_1 \rightarrow Y_4 \rightarrow T_3\}$，为了便于描述，将这三个方案分别称为 a_1、a_2、a_3，决策群体由六个省区的决策者组成 E：E={QH 省，GS 省，NX 区，NM 区，SX 省，ST 省}，为了各省区均衡发展，这里决策者权重按相等考虑，均为 1/6，六个决策者在前面方案研究的多目标决策模型、基于经济比较的开发次序研究模型、多目标风险决策模型研究的基础上，充分考虑这些指标及研究结果，并结合自己的偏好，对三个方案的偏好评价如表 7-5 所示。

表 7-5　六个决策者对三个方案的偏好评价表

决策者	开发次序方案排队	对方案 a_1 评判	对方案 a_2 评判	对方案 a_3 评判
QH 省	$a_1 > a_2 > a_3$	$x_{11} = 0.9$	$x_{12} = 0.6$	$x_{13} = 0.2$
GS 省	$a_1 > a_2 > a_3$	$x_{21} = 0.8$	$x_{22} = 0.4$	$x_{23} = 0.1$
NX 区	$a_3 > a_2 > a_1$	$x_{31} = 0.6$	$x_{32} = 0.7$	$x_{33} = 0.8$
NM 区	$a_2 > a_3 > a_1$	$x_{41} = 0.4$	$x_{42} = 0.6$	$x_{43} = 0.5$
SX 省	$a_2 > a_1 > a_3$	$x_{51} = 0.8$	$x_{52} = 0.9$	$x_{53} = 0.5$
ST 省	$a_1 > a_3 > a_2$	$x_{61} = 0.7$	$x_{62} = 0.3$	$x_{63} = 0.5$

根据表中的方案偏好评价指标，由 REM 算法计算得到各方案的结果如下：

$$X_g^* = \left(x_{g1}^*,\ x_{g2}^*,\ x_{g3}^*\right) = (0.4\,286, 0.3\,469, 0.2\,245)$$

由此结果选择决策模式下优选开发次序方案为 $D_1 \rightarrow Y_5 \rightarrow T_4$。六个省区决策者对三个排序方案的评价与排序是不同的，这在现实中是由于对问题的认识的差异及偏好的不同，也是社会系统决策主观能动性的差别带来的，同时也是决策不同于物理现象、化学现象等自然现象的特征之一。

由上面的分析研究来看，调水工程开发方案选择及排序子系统的建立→多目标决策评价模型建立→多目标风险决策模型的建立→大系统多目标风险型群决策模型的建立，这个过程是对问题认识的不断深入和信息量获得逐步增加的过程，既是决策逐步深化的过程，也是决策难度逐渐加大的过程，这个过程的逐步推进使得我们对问题的认识更深入，同时也增强了方案决策的科学性与针对性。

7.4 基于大系统多目标风险型群决策模型的水资源规划决策研究

本次跨流域调水量优化配置的研究，结合各不同规划研究水平年的调水工程方案及开发次序的选择，研究 2020 年、2030 年、2050 年三个规划研究水平年 NSBDXX 工程的 HH 流域供水区的跨流域调水工程水量及区域水资源优化配置问题。

7.4.1 水资源供给侧与需求侧的不确定性分析

7.4.1.1 各类水资源供水的不确定性分析

跨流域调水工程的调水量是要在各省区进行统一调控的水资源，因此本次将其视做公共水资源。HH 流域水资源开发利用率很高，长期以来都是在国家的宏观统一调控下进行水量的配置，而且地表水资源量来源的 1/3 （200 亿 m³ 左右）集中在 HH 上游干流的上段，而这个河段用水很少，因此其来水地区与用水地区存在着不一致性，形成较大一部分的过境水；其他几个水量较大的主要支流往往也跨越几个省区，这样使得地表水资源的地方性表现不明显。因此，本次将其作为区域公共水资源进行统一调配。HH 流域地下水的区域性比较明显，本次研究将其作为当地水资源。

在 NSBDXX 工程规划研究过程中，考虑到 HH 流域 2020～2050 年水资源匮乏，而 NSBDXX 供水属于补源，且供水区属干旱半干旱地区，没有灌溉就没有农业，供水区各年工农业用水年际之间变化不大，而且设计的 NSBDXX 工程在调水区均建有特大型多年调节水库，这样每年的调水量是相同的，本次研究将其处理为确定型的水资源。

HH 流域地表水资源，由于受来水不确定性的影响，表现出了明显的随机性，且据分析，其上游六省区的多年平均地表水资源量为 224 亿 m³，变差系数 $C_v = 0.25$ 左右，均方差 $\sigma = 56$ 亿 m³，根据地表水资源的特性分析，并考虑计算的方便，本次研究选定其分布类型为对数正态分布 $\log N\left(224, 56^2\right)$。

地下水合理开采利用的前提是维持地下水的长期均衡，在可开采量范围内，地下水库可以通过年内、年际调节实现地下水的长期均衡目标。从可开采量的概念来看，它是指在"合理条件"下的多年平均可以开发利用的地下水资源量，是多年平均能够从含水层中取出的稳定开采量。这个数值具有多年稳定补给来源，尤其是多年调节的影响使得多年可开采量数值比较稳定。因此，其可开采量是一个多年均衡值，在本次水资源优化配置研究中暂不考虑地下水年际变化的随机性。

7.4.1.2　各类水资源用户需求不确定性分析

总体来说，HH 流域水资源的用户有工业用水、农业灌溉用水(含林草灌溉)、生活用水(含城市与农村生活用水)、生态环境用水(主要包括水土保持耗水、补充河道基流等)。因工业用水与生活用水的保证程度很高，且二者在实际的供给过程中也是联系在一起的，本次研究将其合并为同一类用户，简称工业生活用水。种植业的灌溉用水与林草灌溉用水(有时也将其归为人工生态环境用水)的性质是一样的，且往往也是捆在一起进行供水的，将其简称为农业灌溉用水。

HH 流域的现状农业灌溉用水量占总用水量的 80%左右，按照今后结构调整的要求，农业灌溉需水预测考虑各种农业灌溉节水措施，使流域的灌溉在节水中求发展，基本实现农业灌溉增规模、增产量、增效益而少增加甚至不增加水量的流域节水目标。各水平年预测新增的灌溉面积通过采取渠道衬砌、平地缩块、管道灌溉、喷灌、滴灌等节水措施进行发展。同时对现有的灌溉面积进行节水改造，使其逐步发展成为节水灌区。按照上面的原则，未来灌溉水量的需求基本上不增加，又考虑 HH 流域干旱半干旱地区没有灌溉就没有农业的显著特点，因此将不同水平年预测的灌溉水资源需求量(这个数值在现状的基础上增加极少)视做确定性量。

工业生活需水是未来水资源需求增长的用水大户，考虑未来需水预测的不确定性主要表现在对其数量值的确定上的模糊性，往往采用高、中、低三个方案进行需水预测，按照前面的水量优化配置的多目标风险决策模型部分的研究结论，将其处理成模糊不确定性变量。

生态环境用水主要指未来的水土保持耗水而减少的水量、河道生态基流等，这个预测数值相对来说比较确定，因此本次研究将其处理为确定性量。

7.4.2　跨流域调水工程水资源规划的大系统多目标风险型群决策模型建立

7.4.2.1　水资源优化配置决策问题特点分析

根据上面的分析研究可知，水资源供给侧是确定性与随机不确定性耦合的水资源供水系统，具体表现在区域公共水资源的随机性、跨流域调水量与当地地下水资源的确定性；水资源需求侧是确定性与模糊不确定性耦合的水资源需求系统，具体表现在工业需求预测的模糊不确定性、农业灌溉用水与生态环境用水的确定性。

水资源供给侧的确定性与随机不确定性、水资源需求侧的确定性与模糊不确定性又通过水资源的供求连接起来，这样耦合形成了复杂的模糊与随机的不确定性决策环境，使得决策研究必须突破常规的思考问题的方法，水资源优化配置又要考虑社会、经济、环境等多目标的特性。因此，跨流域调水量优化配置决策表现出多目标风险决策问题的特点。区域公共水资源与跨流域调水量这两类公共水资源的存在，使得各地区用水又存在公共资源的耦合约束，形成了一个关联复杂的大系统，如果直接求解该问题将是非常困难的，会带来更为复杂的不确定性与风险问题，所以要按照大系统递阶分析协调的思想，采用大系统理论来研究该问题，建立的大系统分解协调结构见图 7-1。多个省区之间进行水量的优化配置实际上是多决策者之间在有限的水资源量的条件下进行利益冲突的协调，每个省区代表不同的决策者，因此又要按照群决策的思想来研究处理问题。

　　综上所述，针对跨流域调水工程水量优化配置决策所表现出来的大系统、多目标决策、风险决策、群决策的特点，本次研究按照前面建立的水量优化配置决策的大系统多目标风险型群决策理论与模型，研究跨流域调水工程水量优化配置决策问题。

7.4.2.2　跨流域调水工程水量优化配置的大系统多目标决策模型的建立

1. 决策变量

　　设 x_{ijk} 表示第 i 类($i=1$、3 分别表示区域公共水资源、跨流域调水量、当地地下水)水资源供给 j 个省区($j=1$、2、3、4、5、6 分别表示 QH、GS、NX、NM、SX、ST 等六个省区)的第 k 类用户($k=1$、2 分别表示工业生活、农业灌溉)的水资源供给数量。各类决策变量如表 7-6 所示。

表 7-6　不同类型水资源的供水对象(省区、用水部门)及供水决策变量

供水省区	HH 流域公共水资源		NSBDXX 跨流域调水		HH 流域六省区地下水	
	工业生活	农业灌溉	工业生活	农业灌溉	工业生活	农业灌溉
QH 省	x_{111}	x_{112}	x_{211}	x_{212}	x_{311}	x_{312}
GS 省	x_{121}	x_{122}	x_{221}	x_{222}	x_{321}	x_{322}
NX 区	x_{131}	x_{132}	x_{231}	x_{232}	x_{331}	x_{332}
NM 区	x_{141}	x_{142}	x_{241}	x_{242}	x_{341}	x_{342}
SX 省	x_{151}	x_{152}	x_{251}	x_{252}	x_{351}	x_{352}
ST 省	x_{161}	x_{162}	x_{261}	x_{262}	x_{361}	x_{362}

2. 目标函数

　　在社会目标函数建立过程中，根据该供水区域的供水用户保证程度、用水优先序等实际情况，缺水条件下要优先保证工业生活用水、生态环境用水，缺水主要是指农业灌溉缺水。

　　在经济目标函数的建立过程中，NSBDXX 跨流域调水与 HH 流域公共水资源、当地地下水等三类水资源联合调配，其目标函数是这三类水资源联合调配的经济效益最大，这里没有显示地给出其他两类水资源联合调配的经济效益目标函数，只给出了 NSBDXX 跨流域调水经济效益最大，在实际的分析研究过程中以三类水资源的联合调配经济效益最大为前提条件，优化 NSBDXX 跨流域调水量的配置。这里 HH 流域预测的未来生态环境用水主要是补充各支流用水后进入 HH 干流水量的减少量及水土保持后的减水补充，这部分水量要求的保证率高，其经济价值往往又是潜在的，对这部分经济效益的计算比较困难，这里采用机会成本的概念，在工业生活用水已保证的前提下，这一部分水量的效益按发展农业灌溉所带来的经济效益计算，因其保证程度高，这样计算可能使得效益值偏小，可以考虑乘以大于 1 的一个修正系数，比如采用生态环境供水保证率与农业灌溉保证率之比。

　　按照前面研究确立的社会、经济、生态环境等多目标，考虑水资源优化配置决策问题的分层次的特点，建立目标函数如下。

1)子区域目标函数——下层决策层目标函数

子区域目标函数是针对六省(区)建立的多目标决策模型：

社会目标函数：

$$\min f_{1t}^{(i)} = \min\{x_{1i2} + x_{2i2} + x_{3i2} - d_{i2}\} \quad (i=1、2、3、4、5、6) \tag{7-1}$$

经济目标函数：

$$\max f_{2t}^{(i)} = \max\{x_{2i1} \cdot b_{i1} + x_{2i2} \cdot b_{i2}\} \quad (i=1、2、3、4、5、6) \tag{7-2}$$

环境目标函数：

$$\min f_{3t}^{(i)} = \min\{x_{3i1} + x_{3i2}\} \quad (i=1、2、3、4、5、6) \tag{7-3}$$

2)区域目标函数——上层决策者目标函数

社会目标函数：

$$\min F_{1t} = \min\left\{\sum_{i=1}^{6} f_{1t}^{(i)}\right\} \tag{7-4}$$

经济目标函数：

$$\max F_{2t} = \max\left\{dd_t \times bb + \sum_{i=1}^{6} f_{2t}^{(i)}\right\} \tag{7-5}$$

环境目标函数：

$$\min F_{3t} = \min\left\{\sum_{i=1}^{6} f_{3t}^{(i)}\right\} \tag{7-6}$$

式中　$f_{1t}^{(i)}$、$f_{2t}^{(i)}$、$f_{3t}^{(i)}$——t 规划水平年第 i 子区域(下层决策者)的社会、经济、环境目标函数；

F_{1t}、F_{2t}、F_{3t}——t 规划水平年区域(上层决策者)的社会、经济、环境目标函数；

b_{i1}、b_{i2}、bb——第 i 子区域供水工业生活、农业灌溉的单方水效益系数及供水生态环境的单方水供水效益系数；

d_{ik}——第 i 个省区(决策者)第 k 类用户($k=1$、2 分别表示工业生活、农业灌溉)的水量需求；

dd_t——t 规划水平年的生态环境用水量。

3. 主要约束条件

主要约束条件包括以下几个方面。

1)每类资源供给量不能超过该类资源的资源总量

HH 流域公共水资源约束：

$$\sum_{i=1}^{6} (x_{1i1} + x_{1i2}) \leqslant Q \tag{7-7}$$

跨流域调水量约束：

$$\sum_{i=1}^{6} (x_{2i1} + x_{2i2}) = Q_t - d_t \tag{7-8}$$

HH 流域各省区地下水开采量约束：

$$\sum_{k=1}^{2} x_{3ik} \leq Q \quad (i=1、2、3、4、5、6) \tag{7-9}$$

式中　Q、Q_t、$Q_i\,(i=1、2、3、4、5、6)$——HH 流域公共水资源量、t 规划水平年的跨流域调水量、各省区的地下水资源量。

2)每类资源供给量不能超过相应用户的需求

工业生活：　　　　　　$x_{1i1}+x_{2i1}+x_{3i1}=d_{i1} \quad (i=1、2、3、4、5、6)$

农业灌溉：　　　　　　$x_{1i2}+x_{2i2}+x_{3i2}=d_{i2} \quad (i=1、2、3、4、5、6)$

生态环境：生态环境供水量等于生态环境需求量，并且由跨流域调水供水保证。

3)其他约束条件

其他约束条件主要包括决策变量非负约束、各省区缺水率上下限约束、各省区分水比例上下限约束、干流河道综合利用约束、各省区其他重大比例关系约束等。

7.4.2.3　机会约束条件下的大系统多目标风险型群决策模型

上述的多目标决策模型如果按照常规的不考虑随机不确定性与模糊不确定性的影响，直接可以采用基于满意度的多层次交互式多目标决策模型求解。但是现在由于水资源供给侧的区域公共水资源属于随机变量、需求侧的工业用水需求属于模糊变量，因而确定性决策环境下建立的研究模型失去了其研究问题的意义，必须对其研究模型的建立及求解方法进行扩展，以解决实际面临的水资源优化配置的多目标风险决策问题。

按照随机模拟的思想将区域公共水资源量 Q 处理为对数正态分布随机变量 $\log N(224, 56^2)$，将工业生活需水量处理为三角模糊数 $\tilde{d}_{i1}(a_i, b_i, c_i)\,(i=1、2、3、4、5、6)$，其中 a_i、b_i、c_i 分别表示第 i 省预测的低、中、高三个情景方案的预测数值。按照模型求解的要求，将该问题转换为求解基于随机与模糊环境下的机会约束多目标风险决策模型。

1．大系统多目标风险型群决策模型

1)区域层(上层决策者)目标函数

社会目标函数：　　　　　　　　　　$\min \overline{F}_{1t}$

经济目标函数：　　　　　　　　　　$\max \overline{F}_{2t}$

环境目标函数：　　　　　　　　　　$\min \overline{F}_{3t}$

2)子区域层(下层决策者，六省区)目标函数

社会目标函数：　　　　　$\min \overline{f}_{1t}^{(i)} \quad (i=1、2、3、4、5、6)$

经济目标函数：　　　　　$\max \overline{f}_{2t}^{(i)} \quad (i=1、2、3、4、5、6)$

环境目标函数：　　　　　$\min \overline{f}_{3t}^{(i)} \quad (i=1、2、3、4、5、6)$

3)约束条件

基于满意度的区域(上层决策者)机会目标约束：

$$\begin{cases} \text{ProPos}\{F_{1t} \leq \overline{F}_{1t}\} \geq \beta_{1t} \\ \text{ProPos}\{F_{2t} \geq \overline{F}_{2t}\} \geq \beta_{2t} \\ \text{ProPos}\{F_{3t} \leq \overline{F}_{3t}\} \geq \beta_{3t} \end{cases} \tag{7-10}$$

式中　$\overline{F}_{1t}$、$\overline{F}_{2t}$、$\overline{F}_{3t}$——t 规划水平年在保证满意度(置信水平)至少是 β_{1t}、β_{2t}、β_{3t} 下的

区域层(上层决策者)的社会目标函数最小值、经济目标函数最大值、环境目标函数最小值;

β_{1t}、β_{2t}、β_{3t}——t 规划水平年区域社会目标函数、经济目标函数、生态目标函数的满意度,其数值在交互过程中,由决策者确定并由分析者输入计算机进行分析计算。

基于满意度的子区域(下层决策者)机会目标约束:

$$\begin{cases} \text{ProPos}\left\{ f_{1t}^{(i)} \leqslant \bar{f}_{1t}^{(i)} \right\} \geqslant \beta_{4it} \\ \text{ProPos}\left\{ f_{2t}^{(i)} \geqslant \bar{f}_{2t}^{(i)} \right\} \geqslant \beta_{5it} \\ \text{ProPos}\left\{ f_{3t}^{(i)} \leqslant \bar{f}_{3t}^{(i)} \right\} \geqslant \beta_{6it} \end{cases} \tag{7-11}$$

式中　β_{4it}、β_{5it}、β_{6it}——t 规划水平年子区域(下层决策者,六省区)第 i 个决策者(省区)社会目标函数、经济目标函数、生态目标函数的满意度,其数值在交互过程中,由决策者确定并由分析者输入计算机进行分析计算;

$\bar{f}_{1t}^{(i)}$、$\bar{f}_{2t}^{(i)}$、$\bar{f}_{3t}^{(i)}$——t 规划水平年第 i 子区域(下层决策者)在保证满意度(置信水平)至少是 β_{4it}、β_{5it}、β_{6it} 下的社会目标函数最小值、经济目标函数最大值、环境目标函数最小值。

基于可行度的资源供给量小于等于资源量的机会约束:

$$\begin{cases} \text{Pro}\left\{ \sum_{i=1}^{6}(x_{1i1}+x_{1i2}) \leqslant Q \right\} \geqslant \alpha_{1t} \\ \text{Pro}\left\{ \sum_{i=1}^{6}(x_{2i1}+x_{2i2}) = Q_t - dd_t \right\} \geqslant \alpha_{2t} \\ \text{Pro}\left\{ \sum_{k=1}^{2} x_{3ik} \leqslant Q_i \right\} \geqslant \alpha_{3t} \quad (i=1,2,3,4,5,6) \end{cases} \tag{7-12}$$

式中　α_{1t}、α_{2t}、α_{3it}——t 规划水平年 HH 流域公共水资源、NSBDXX 工程跨流域调水量、第 i 子区域地下水供给约束的可行度。

基于可行度的资源供给量小于等于需求侧的机会约束:

$$\begin{cases} \text{Pos}\{x_{1i1}+x_{2i1}+x_{3i1} = d_{i1}\} \geqslant \alpha_{4it} \\ \text{Pos}\{x_{1i2}+x_{2i2}+x_{3i2} \leqslant d_{i2}\} \geqslant \alpha_{5it} \quad (i=1,2,3,4,5,6) \\ \text{Pos}\{x_t = dd_t\} \geqslant \alpha_{6t} \end{cases} \tag{7-13}$$

式中　α_{4it}、α_{5it}、α_{6t}——t 规划水平年第 i 子区域(省区)工业供水量等于需求量的可行度、第 i 子区域(省区)农业供水量小于等于需求量的可行度、生态环境供水量等于需求量的可行度;

x_t——t 规划水平年生态环境供水量决策变量。

2. 大系统多目标风险型群决策求解技术

基于建立的调水量优化配置的大系统多目标风险型群决策模型,首先,采用遗传算法进行各子区域(六省区,下层决策者)的水量优化配置决策研究;其次,在区域层采用大系统分解协调思想进行区域优化研究;再次,采用群决策技术,按照群体满意度最大原则选择水量优化配置方案。具体求解步骤及程序如下：

(1)按照设计的混合遗传算法思想，取 $pop\_size = 42$ ，交叉概率 $p_c = 0.4$ ，变异概率 $p_m = 0.1$ ，进化代数 $T=3\ 000$ ，每代计算时随机模拟与模糊模拟的次数 $S=2\ 000$ ， $max\_rank = 14$ ，Pareto 选优过滤器的大小为 6。

(2)为了得到种群中个体的适应度，采用随机模拟与模糊模拟技术(模拟次数 2 000)，生成随机变量与清晰变量耦合组成的 2 000 个样本，取第 N'(满意度(置信度)与模拟次数的乘积)个数值即为目标函数值。

(3)将分析计算得到的目标函数满意度加权求和转化为多目标综合满意度。

(4)以多目标综合满意度最大为优化准则，优化各子区域(下层决策者)的水量优化配置，得到各区域各部门优化配置水量及其社会、经济、环境三个目标函数值。

(5)这里的上层决策有两种处理方法。第一种方法：因区域层(上层决策者)与子区域层(下层决策者，六省区)的目标函数的目标具有一致性，因此将各子区域水量配置结果及社会、经济、环境目标函数值反馈给区域层，区域层将各子区域的社会、经济、环境的目标函数值分别相加，得到区域层(上层决策者)的社会、经济、环境目标函数，然后可以将其转化为相应的满意度，进一步转化为区域层(上层决策者)的多目标综合满意度。第二种方法：采用群决策的委托求解法，按照群决策规则，求解群体最佳调和解，如果最佳调和解为空集，要对满意度水平进行调整和修正。

上面的第一种方法相当于各决策者等权重法，第二种方法将各决策者看成非等权重。

(6)如果满意，则输出结果；如果不满意，则指出调整的某一目标满意度数值，然后按照满意度最大增优的边际指标协调法分析单方水增优的区域及部门，重复上述过程直到满意。

7.4.3　不同规划水平年跨流域调水工程水资源规划决策结果

在本次水量优化配置决策研究过程中，生成了许许多多的水量配置方案，但是，最终的水量优化配置方案的选择是与跨流域调水工程方案选择及开发次序优选相结合的，本次只列出与开发次序选择结论一致的 2020 年、2030 年、2050 年三个水平年的水量优化配置结果。

运用水量优化配置的大系统多目标风险型群决策研究模型分析，2020 年 NSBDXX 工程调水 40 亿 m^3 水资源优化配置结果见表 7-7。

表 7-7　2020 年 NSBDXX 工程调水 40 亿 m^3 水资源优化配置结果　　（单位：亿 m^3）

供水省区	HH 流域公共水资源		NSBDXX 跨流域调水		HH 流域六省区地下水	
	工业生活	农业灌溉	工业生活	农业灌溉	工业生活	农业灌溉
QH 省	2.6	6.4	5.2	0.0	2.4	0.6
GS 省	11.6	13.0	8.8	0.0	2.0	2.0
NX 区	4.7	45.5	2.0	0.0	3.5	3.5
NM 区	10.2	36.0	3.0	0.0	3.0	13.0
SX 省	2.4	30.0	2.0	0.0	20.0	10.0
ST 省	23.6	14.0	2.0	0.0	9.0	16.0

注：2020 年的生态环境用水较现状增加的 17 亿 m^3 完全由 NSBDXX 工程供给。

从表 7-7 中的结果可以看出，由于工业及生活用水及生态环境用水要完全保证，所以缺水量主要是农业缺水，缺水量 36 亿 m^3，由于存在着缺水现象，所以地下水在合理的开采范围内全部开采，这也是合理的。从分析的结果来看，优化配置结果实现了地表水与地下水的联合调度。三个水平年的地下水开采方案及供水的对象和数量是相同的，这主要是考虑地下水供水的区域性及供水条件来限制的。另外从跨流域调水供水对象主要是工业及生活，这主要是因为这些部门的用水水价承受能力较高，而且调水工程方案经济上更为优越。

从 HH 流域灌溉水资源供水量来看，工业生活供水 55.1 亿 m^3，农业灌溉供水 144.9 亿 m^3，合计供水的总资源量是 200 亿 m^3，这个数值与流域多年平均数值 224 亿 m^3 相比少了 24 亿 m^3，这主要是因为在优化配置研究过程中，决策者要求的水资源供给保证率达到 80%，这比多年平均(约近似相当于 50%保证率)数值的保证率要高。

从工业用水需求来看，通过模糊模拟分析结果来看，HH 流域总需求水量 118.0 亿 m^3，较预测的中方案 116 亿 m^3 供水量多 2 亿 m^3，这是由水资源需求模糊性决定的，但是这个需求量的可能性是 0.8，而中方案 116 亿 m^3 的可能性是 1.0。

2030 年、2050 年两个水平年的水资源优化配置的供给保证程度与工业需求的预测的模糊可能性与 2020 年水平年是相同的。

2030 年 NSBDXX 工程调水 90 亿 m^3 水资源优化配置结果见表 7-8。

表 7-8　2030 年 NSBDXX 工程调水 90 亿 m^3 水资源优化配置

供水省区	HH 流域公共水资源		NSBDXX 跨流域调水		HH 流域六省区地下水	
	工业生活	农业灌溉	工业生活	农业灌溉	工业生活	农业灌溉
QH 省	0.6	8.0	10.4	0.0	2.4	0.6
GS 省	2.0	18.5	25.6	0.0	2.0	2.0
NX 区	3.5	42.0	4.4	0.0	3.5	3.5
NM 区	13.0	32.0	3.6	0.0	3.0	13.0
SX 省	10.0	29.0	3.6	0.0	20.0	10.0
ST 省	30.4	11.0	2.4	0.0	9.0	16.0

注：2030 年的生态环境用水较现状增加的 40 亿 m^3 完全由 NSBDXX 工程供给。

2050 年 NSBDXX 工程调水 170 亿 m^3 水资源优化配置结果见表 7-9。

表 7-9　2050 年 NSBDXX 工程调水 170 亿 m^3 水资源优化配置

供水省区	HH 流域公共水资源		NSBDXX 跨流域调水		HH 流域六省区地下水	
	工业生活	农业灌溉	工业生活	农业灌溉	工业生活	农业灌溉
QH 省	0.6	6.3	12.6	0.0	2.4	0.6
GS 省	2.0	17.5	36.0	0.0	2.0	2.0
NX 区	3.5	40.0	6.6	0.0	3.5	3.5
NM 区	13.0	30.0	10.8	0.0	3.0	13.0
SX 省	10.0	27.5	23.2	0.0	20.0	10.0
ST 省	39.6	10.0	17.8	0.0	9.0	16.0

注：2050 年的生态环境用水较现状增加的 63 亿 m^3 完全由 NSBDXX 工程供给。

针对某大型跨流域调水工程水量优化配置问题，运用大系统多目标风险型群决策模型，研究其方案选择与开发排序问题、水量优化配置决策问题。研究表明，模型是合理的，方法是可行的，可为决策提供参考依据。因篇幅所限，本次的实例研究省略掉相当一部分中间分析与交互过程，只给出了方案选择排序及水量优化配置的结论。

参考文献

[1] 许新宜，王浩，甘泓，等．华北地区宏观经济水资源规划理论与方法[M]．郑州：黄河水利出版社，1997.

[2] 盛昭翰．主从递阶决策论[M]．北京：科学出版社，1998.

[3] 刘宝碇，赵瑞清．随机规划与模糊规划[M]．北京：清华大学出版社，1998.

[4] 王海政，仝允桓，谈毅．多元价值观视角下的公共项目评价方法[J]．中国软科学，2006(6).

[5] 王浩，秦大庸，王建华．流域水资源规划的系统观与方法论[J].水利学报，2002 (8).

[6] 冯尚友．多目标决策理论方法与应用[M]．武汉：华中理工大学出版社，1990.

[7] 邱菀华．管理决策与应用熵学[M]．北京：机械工业出版社，2002.

[8] 郭耀煌，徐飞，张炜．基于满意度水平的多目标群决策问题的迭代算法[J]．管理工程学报，1997(1).

[9] 温善章，石春先，安增美，等．河流可供水资源影子价格研究[J]．人民黄河，1993(7).

[10] 牛文元，袁宝印，陈锐．临界控制论与黄河水资源调控[M]．北京：中国致公出版社，2002.

[11] 吴泽宁，王敬，刘进国．引黄灌区灌溉效益优化计算模型[J]．灌溉排水，2002(2).

[12] 王海政，周丽，贺北方．水利水电投资方案排序与选择的模型研究[J]．郑州工业大学学报，2001(1).

[13] 李景宗，王海政．黄河中游骨干工程开发次序的初步研究[J]．水利水电科技进展，2001(5).

[14] 陈效国，等．黄河流域水资源演变的多维临界调控模式[M]．郑州：黄河水利出版社，2007.

[15] 许仁忠．模糊数学及其在经济管理中的应用[M]．成都：西南财经大学出版社，1987.

[16] 吴泽宁，索丽生，王海政．水利水电项目经济风险的模糊分析方法[J]．河海大学学报：自然科学版．2003(3).

[17] 王劲峰，陈红火,等．区域发展和水资源利用透明交互决策系统[J]．地理科学进展，2000(1).

[18] 陈宁，张健，谭浩瑜．用机会成本法计算生态环境供水经济效益[J]．河海大学学报:自然科学版,2006(5).

[19] 蒋水心．农村水利水电经济运行[M]．北京：水利电力出版社，1995.

[20] 陈宁，谭浩瑜，张健．水利水电开发排序的多层次多准则模糊规划模型[J]．河海大学学报：自然科学版，2007(5).

[21] 李景宗，杨振立，王海政．基于电源优化扩展规划的抽水蓄能电站经济评价方法研究[J]．水电能源科学，2002(2).

[22] 余谦，王先甲．基于粒子群优化求解纳什均衡的演化算法[J]．武汉大学学报：理学版，2006(1).

[23] 陈珽．决策分析[M]．北京：科学出版社，1987.

[24] 朱道立．大系统优化理论和应用[M]．上海：上海交通大学出版社，1987.

[25] 黄志中，周之豪．水电工程投资的多目标风险决策[J]．水利经济，1994(2).

[26] 屠晓峰，王海政，丁大发．南水北调西线第一期工程经济效益分析和调水成本初步测算[J]．人民黄河，2001(10).

[27] 王海政，仝允桓，徐明强．多维集成视角下面向公共决策技术评价方法体系构建与评价方法选择[J]．科学学与科学技术管理，2006(8).

[28] 王海政，仝允桓，谈毅. 基于复杂项目群优化选择的水电经济效益计算[J]. 运筹与管理，2006(5).

[29] 王海政，谭浩瑜，仝允桓. 基于电源优化选择的抽水蓄能电价设计与计算[J]. 水利经济，2006(6).

[30] 王海政，仝允桓. 主从递阶多目标风险决策模型构建及算法研究[J]. 运筹与管理，2007(1).

[31] 王海政，仝允桓. 可持续发展视角下的区域水资源优化配置模型[J]. 清华大学学报(自然科学版)，2007(9).

[32] 彭向训. 水资源开发利用中水量与水质控制的对策分析[J]. 湖南水利水电，2001(4).

[33] 贺北方，周丽，王海政，等. 交互式多目标决策方法及其应用[J]. 郑州工业大学学报，2001(3).

[34] 李景宗，杨振立，王海政，等. 基于电源优化扩展规划模型的抽水蓄能电站经济评价方法研究报告[R]. 水利部黄河水利委员会勘测规划设计研究院，2001.

[35] 王海政. 水资源大系统多目标风险型群决策研究[D]. 郑州：郑州大学，2002.

[36] 黎安田，邱忠恩，王忠法. 大型水利水电工程综合经济评价理论与实践[M]. 北京：科学出版社，1997.

[37] 徐光先，吴泽宁，王博. 水资源系统分析理论与实践[M]. 北京：气象出版社，1994.

[38] 沈大军，梁瑞驹，王浩，等. 水价理论与实践[M]. 北京：科学出版社，1999.

[39] 施熙灿，蒋水心，赵宝璋. 水利工程经济[M]. 2版. 北京：中国水利水电出版社，1997.

[40] 杨振立，王海政. 电源优化模型在三峡分电河南研究中的应用[J]. 水电能源科学，2004(4).

[41] 吴泽宁. 经济区水资源的优化分配[D]. 郑州：郑州工学院，1988.

[42] 于九如，韦少敏. 投资项目风险分析[M]. 北京：机械工业出版社，1999.

[43] 张跃，等. 模糊数学方法及应用[M]. 北京：煤炭工业出版社，1992.

[44] 汪培庄. 应用模糊数学[M]. 北京：北京经济学院出版社，1989.

[45] 汪培庄. 模糊集合论及其应用[M]. 上海：上海科学技术出版社，1983.

[46] 胡永宏，贺思辉. 综合评价方法[M]. 北京：科学出版社，2000.

[47] 郭仲伟. 风险分析与决策[M]. 北京：机械工业出版社，1986.

[48] 罗高荣. 水利工程经济评价风险分析方法[M]. 杭州：浙江大学出版社，1989.

[49] 李钰心. 水电站经济运行[M]. 北京：中国电力出版社，1999.

[50] 史慧斌，翁文斌，王浩，等. 求解多目标模型交互的切比雪夫方法的原理和应用[J]. 系统工程理论与实践，1995(9).

[51] 阮本清，王浩，杨小柳，等. 流域水资源管理[M]. 北京：科学出版社，2001.

[52] 邵东国. 跨流域调水工程规划调度决策理论与应用[M]. 武汉：武汉大学出版社，2001.

[53] 王浩，秦大庸，王建华，等. 黄淮海流域水资源合理配置[M]. 北京：科学出版社，2003.

[54] 马光文，涂心畅，王尊相. 长期边际成本电力定价方法研究[J]. 水力发电学报，1999(3).

[55] 陈志恺，王浩，汪党献. 西北地区水资源配置生态环境建设和可持续发展战略研究[M]. 北京：科学出版社，2004.

[58] 工浩，陈敏建，秦大庸. 西北地区水资源合理配置和承载能力研究[M]. 郑州：黄河水利出版社，2003.

[56] 石春先，吴泽宁，丁大发，等. 黄河流域水资源多维临界调控方案评价研究[J]. 人民黄河，2003(1)

[57] 吴泽宁，左其亭，丁大发，等. 黄河流域水资源多维临界调控方案风险分析[J]. 人民黄河，2003(1).

[58] 丁大发，吴泽宁，王海政．黄河流域水资源多维临界调控风险估计[J]．人民黄河，2003(1).

[59] 吴泽宁，曹茜，王海政，等．黄河流域水资源多维调控效果评价指标体系[J]．人民黄河，2005(1).

[60] 王彤，王心壬，陈贵平，等．建设项目经济评价方法实用问答[M].北京：中国统计出版社，1994.

[61] [美]L.D.詹姆斯，R.R.李.水资源规划经济学[M].北京：水利电力出版社，1984.

[62] 言茂松．当量电价与融资重组[M].北京：中国电力出版社，2000.

[63] 言茂松．电能价值当量分析与分时电价预测[M].北京：中国电力出版社，1998.

[64] 石玉波．地表地下水资源联合管理的递阶优化模型[J].水电能源科学，1995(3).

[65] 赵海成．黄河断流对山东沿黄区域经济发展的影响[J].山东财政学院学报，1999(2).

[66] 万景文．黄河下游断流原因及其对策[J].西北水电，1997(4).

[67] 李维涛．黄河下游断流初步分析及缓解对策[J].海河水利，1998(2).

[68] 程进豪．黄河断流问题分析[J].水利学报，1998(5).

[69] 施诊．黄河断流的环境经济评估浅析[J].水利经济，1999(1).

[70] 林银平．黄河断流的不良影响及水资源利用对策[J].西北水资源与水工程，1997(3).

[71] 中国科学院地学部.关于缓解黄河断流的对策与建议[J].地球科学进展，1999(1).

[72] 沈大军．工业用水数量经济分析[J].水利学报，2000(8).

[73] 温鹏．对城市供水效益计算方法的初步研究[J]．水利经济，1997(3).

[74] 石玉波．区域水资源系统管理理论及其应用研究[D]．南京：河海大学，1995.

[75] 周之豪等．黄河水资源利用优化模型及合理分配研究报告[D]．南京：河海大学，1990.

[76] 董子敖．水库群调度与规划的优化理论和应用[M]．济南：山东科学技术出版社，1989.

[77] 甘泓．水资源合理配置理论与实践研究[D]．北京：中国水利水电科学研究院，2000.

[78] 张维迎．博弈论与信息经济学[M]．上海：上海人民出版社，2004.

[79] 沈艳，郭兵，古天祥．粒子群优化算法及其与遗传算法的比较[J]．电子科技大学学报，2005(5).

[80] 德克斯坦 L，等．水资源工程可靠性与风险[M]．北京：水利电力出版社，1993.

[81] 袁宏源，邵东国，郭宗楼．水资源系统分析理论与应用[M]．武汉：武汉水利电力大学出版社，2000.

[82] 中国水科院水资源研究所．水资源大系统优化规划与优化调度经验汇编[G]．北京：中国科学技术出版社，1995.

[83] 王丽萍，傅湘．洪灾风险及经济分析[M]．武汉：武汉水利电力大学出版社，1999.

[84] 张荣沂.一种新的集群优化方法——粒子群优化算法[J].黑龙江工程学院学报(自然科学版)，2004 (4).

[85] 张利彪，周春光，马铭．基于粒子群算法求解多目标优化问题[J]．计算机研究与发展，2004(7).

[86] 陈士俊，孙永广，吴宗鑫．一种求解 NASH 均衡解的遗传算法[J]．系统工程，2001(5).

[87] 余春祥．可持续发展评价的系统模型[J]．科技进步与对策，2003 (12).

[88] 高振宇．北京市宏观经济水资源多目标分析系统研究[J]．北京水利，1997(4).

[89] 夏洪胜，任海英．具有递阶结构的多目标群决策方法[J]．华侨大学学报，1994(2).

[90] 胡毓达．实用多目标最优化技术[M]．上海：上海科学技术出版社，1990.

[91] 夏洪胜，盛昭翰，徐南荣．多层多目标决策方法的综述[J]．系统工程与电子技术，1992 (7).

[92] 胡毓达，杨雷．多目标随机规划的交互遗传算法[J]．上海交通大学学报，2001(11).

[93] 郭志坚，孙晓君.基于粒子群算法的随机和模糊混合机会约束规划研究[J]．微计算机信息，2006 (1).

[94] 丁晓东，吴让泉，邵世煌. 含有模糊和随机参数的混合机会约束规划模型[J]. 控制与决策，2002(5).

[95] 田厚平，郭亚军，王学军. 一类基于演化博弈的多主多从 Stackelberg 对策算法[J]. 系统工程学报，2005(3).

[96] 傅家骥，仝允桓. 工业技术经济学[M]. 北京：清华大学出版社，1996.

[97] 冯尚友. 面向可持续发展的水资源系统规划[J]. 水力发电科技，1996(4).

[98] 傅湘，王丽萍，纪昌明. 防洪减灾中的多目标风险决策优化模型[J]. 水电能源科学，2001(3).

[99] 蔡喜明，等. 基于宏观经济的区域水资源多目标集成系统[J]. 水科学进展，1995(2).

[100] 冯尚友. 水资源持续利用与管理导论[M]. 北京：科学出版社，2000.

[101] 叶秉如. 水资源系统优化规划和调度[M]. 北京：中国水利水电出版社，2001.

[102] 许晓峰. 技术经济学[M]. 北京：中国发展出版社，1996.

[103] 冯尚友. 水资源系统工程[M]. 武汉：湖北科学技术出版社，1991.

[104] 彭勇行. 管理决策分析[M]. 北京：科学出版社，2000.

[105] 裴鹿成，王仲奇. 蒙特卡罗方法及其应用[M]. 北京：海洋出版社，1998.

[106] 胡运权. 运筹学基础及应用[M]. 哈尔滨：哈尔滨工业大学出版社，1998.

[107] 许树柏. 层次分析法原理[M]. 天津：天津大学出版社，1988.

[108] 胡维松，徐明，黄涛珍，等. 水利经济研究[M]. 南京：河海大学出版社，1995.

[109] 甘应爱，田丰，李维铮，等. 运筹学[M]. 北京：清华大学出版社，1990.

[110] 王海政，崔荃，王延红，等. 基于经济比较的南水北调西线工程开发次序研究[J]. 人民黄河，2001(10).

[111] 宋红霞，谭浩瑜，王海政. 城镇供水经济效益计算的影子水价法研究[J]. 水利建设与管理，2000(4).

[112] 王仁超，张立岗，顾培亮. 一种基于满意与公正的群决策方法[J]. 系统工程学报，2000(1).

[113] 刘刚，王海政，等. 影子水价法在南水北调西线城镇供水中的应用[J]. 黄河水利职业技术学院学报，2000(3).

[114] 陈家琦，王浩. 水资源学概论[M]. 北京：中国水利水电出版社，1996.

[115] 胡毓达，杨雷. 多目标随机规划的遗传算法[J]. 上海交通大学学报，2000(11).

[116] 贺北方. 区域可供水资源优化分配与产业结构调整[J]. 郑州工学院学报，1989(1).

[117] 高文豪. 大系统最优化[M]. 北京：水利电力出版社，1991.

[118] 吴泽宁. 水利水电工程模糊层次综合评价方法探讨[J]. 水利学报，1988(2).

[119] 方乐润. 水资源工程系统分析[M]. 北京：水利电力出版社，1988.

[120] 唐德善. 大流域水资源多目标优化分配模型研究[J]. 河海大学学报，1992(6).

[121] 韩振强，王海政，崔荃，等. 跨流域调水工程规划方案优选及排序的研究[J]. 吉林水利，1997(6).

[122] 席酉民. 大型工程决策[M]. 贵阳：贵州人民出版社，1988.

[123] 曾珍香，顾培亮. 可持续发展的系统分析与评价[M]. 北京：科学出版社，2000.

[124] 王祥辉. 大型水利水电工程经济风险分析方法研究[D]. 南京：河海大学，1996.

[125] 于忠法. 蒙特卡罗方法在水利工程项目风险分析中的应用[J]. 人民长江，1989(5).

[126] 张翔，夏军，史晓新，等. 可持续水资源管理的风险分析研究[J]. 武汉水利电力大学学报，2000(2).

[127] 郑秀慧，张清，罗敏. 熵权系数法在投资项目风险决策的应用[J]. 科技与管理，2000(2).

[128] 阮本清，梁瑞驹，陈韶君. 一种供用水系统的风险分析与评价方法[J]. 水利学报，2000(9).

[129] 聂相田，邱林，朱普生，等. 水资源可持续利用管理不确定性分析方法及应用[M]. 郑州：黄河水利出版社，1999.

[130] 周明，孙树栋. 遗传算法原理及应用[M]. 北京：国防工业出版社，1999.

[131] 曹利军. 可持续发展评价理论与方法[M]. 北京：科学出版社，1999.

[132] 王本德. 水电系统规划、管理决策方法论[M]. 北京：中国电力出版社，1997.

[133] 黄孟藩. 决策的科学方法[M]. 北京：海洋出版社，1983.

[134] 姜圣阶. 决策学引论[M]. 北京：中国科学技术大学出版社，1987.

[135] 贺北方. 区域水资源优化分配的大系统优化模型[J]. 武汉水利电力学院学报，1988(5).

[136] 李人厚，等. 大系统的递阶与分散控制[M]. 西安：西安交通大学出版社，1986.

[137] 罗高荣. 水电工程规划设计中的可靠性计算[M]. 南京：河海大学，1993.

[138] 詹姆斯 L. D，等. 水资源规划经济学[M]. 北京：水利电力出版社，1984.

[139] 翁文斌，惠士博. 区域水资源规划的供水可靠性分析[J]. 水利学报，1992(11).

[140] 华士乾. 水资源系统分析指南[M]. 北京：水利电力出版社，1988.

[141] 姚如祥，等. 水资源系统分析及应用[M]. 北京：清华大学出版社，1987.

[142] 王道席. 黄河下游水资源调度管理研究[D]. 南京：河海大学，2000.

[143] 戴国瑞，冯尚友，等译. 水资源科学分配[M]. 北京：水利电力出版社，1983.

[144] 田宇. 基于 Stackelberg 主从对策 Nash 均衡下的 TPL 分包合同设计研究[J]. 管理工程学报，2005(4).

[145] 常良峰，黄小原，卢震.两级供应链 Stackelberg 主从对策的优化模型及其应用[J].管理工程学报，2004(1).

[146] 程启月，邱菀华. 模糊多目标主从冲突决策模型[J]. 系统工程理论方法应用，2003(1).

[147] 刘智，端木京顺，王强，等. 基于熵权多目标决策的方案评估方法研究[J]. 数学的实践与认识，2005(10).

[148] 周泓，方卫国，吴健中. 基于群体满意度的群决策方法[J]. 决策与决策支持系统，1995(2).

[149] 王忠法，黄建和，邱忠恩. 风险分析方法与三峡工程投资风险分析[J]. 人民长江，1997(7).

[150] 李树良，郭耀煌. 风险分析计算机模拟方法论[J]. 西南交通大学学报，1994(4).

[151] 徐莉. 风险决策方法的进一步研究[J]. 武汉水利电力大学学报，1999(4).

[152] 张闻胜，董秀颖，刘金清. 国内外洪水风险分析概述[J]. 北京水利，2000(6).

[153] 郭仲伟，褚家晋，金以惠，等. 基于复合信息空间的决策理论与方法[J]. 系统工程学报，1997(2).

[154] 严武，程振源，李海东. 风险统计与决策分析[M]. 北京：经济管理出版社，1999.

[155] 陈仕亮，周宜波. 风险管理[M]. 成都：西南财经大学出版社，1994.

[156] 何文炯. 风险管理[M]. 大连：东北财经大学出版社，1999.

[157] 蒋业放，梁季阳. 水资源可持续利用规划耦合模型与应用[J]. 地理研究，2000(1).

[158] 朱雪龙. 应用信息论基础[M]. 北京：清华大学出版社，2001.

[159] 系统工程理论与实践[M](1985 年～2001 年)

[160] 管理工程学报[J](1993 年～2001 年)

[161] 水电能源科学[J](1990 年～2001 年)

[162] 水科学进展[J](1993 年～2001 年)